回归自然

第2版

HUIGUI ZIRAN

植物染料染色设计与工艺

ZHIWU RANLIAO RANSE SHEJI YU GONGYI

王越平 ◎ 等著

中国纺织出版社

国家一级出版社
全国百佳图书出版单位

内 容 提 要

本书对植物染料的染色方法、常用染料的染色色相、特殊染色技法以及植物染料染色在成衣上的应用等进行了介绍。书中以操作步骤图示的方式介绍了植物染料染色的常用方法，展示了三十多种植物染料在不同媒染剂下、不同材料上的染色色相，运用吊染、扎染、手绘等技法对植物染料染色作品进行了纹样设计，并附有中国传统服饰作品以及现代作品赏析。

本书注重实践操作性，图文并茂，实用性强，可供染色爱好者阅读参考；同时，注重艺术与工艺的结合，适合于艺术、工程专业及非专业人士参考使用。

图书在版编目（CIP）数据

回归自然：植物染料染色设计与工艺 / 王越平等著
. --2版. --北京：中国纺织出版社，2019.11
　　ISBN 978-7-5180-5868-6

Ⅰ . ①回… Ⅱ . ①王… Ⅲ . ①植物—染料染色—工艺
设计　Ⅳ . ①TS193.62

中国版本图书馆CIP数据核字（2019）第004893号

策划编辑：张晓芳　　责任编辑：朱佳媛
责任校对：楼旭红　　责任印制：何　建

中国纺织出版社出版发行
地址：北京市朝阳区百子湾东里A407号楼　邮政编码：100124
销售电话：010 — 67004422　传真：010 — 87155801
http://www.c-textilep.com
中国纺织出版社天猫旗舰店
官方微博http://weibo.com/2119887771
北京华联印刷有限公司印刷　各地新华书店经销
2013年5月第1版　2019年11月第2版第1次印刷
开本：710×1000　1/12　印张：14.5
字数：200千字　定价：88.00元

序

一转眼，2019 年又过去了一半。人们总是感慨大自然在静悄悄间辗转四季的神奇——从春色满园、夏荷满池到秋果硕硕、瑞雪丰年。面对大自然的变换，让我不由自主地想起一个人，她以大自然馈赠的万物为研究对象，描画出了绚烂的人生，她就是——王越平老师。

王越平老师是北京服装学院教授，她多年来潜心对植物染料染色技术深入研究，2013 年出版了第一版《回归自然——植物染料染色设计与工艺》的学术专著，今年恰巧她的植物染色的修订版图书又要出版了。

王越平老师给我的印象就是：深刻钻研＋深刻钻研＋深刻钻研的精神！重要的事情说三遍！

这让我持以满怀的敬意！而最重要的是，深刻钻研还不能完全表达我的感受，应该说是执着，甚至疯狂！！！我的这种感受，是在 2015 年我负责爱慕集团 LA CLOVER 品牌，想做一款植物染色的羊绒围巾开始的。在研发与批量加工过程中，王老师亲力亲为，每一个环节都严格把控，染料提取、染色、加工，成品质量、甚至染料与羊绒 3.33 特克斯单位（300 支数）纱的匹配度等是否达到预期，都一一反复试验。虽然订单只有几百件，但每一个小细节她都不放过，甚至和厂家激烈地争论。再后来，参与到一些植物染标准的讨论和制订中，更是让我体会到了她对植物染色技术科学严谨的研究态度。每次我给她打电话，她不是在讲课，就是在实验室，或者是在去植物染研究基地的火车上……

近年来，随着环保意识、健康理念的深入人心，越来越多的消费者都更加关注植物染方面的产品。但是，关于植物染色技术在纺织领域的应用，无论是学术机构、加工企业还是消费市场，有些乱象丛生。所以，学习植物染的历史、文化、技术的正确途径就显得尤为重要。王越平老师，在默默无闻中，推动植物染技术的发展，培育植物染领域的人才（爱慕集团有很多优秀员工，同样也是王老师培养出来的优秀学生）。

我记得韩寒说过一句话："人生的精彩不是实现梦想的瞬间，而是坚持梦想的过程！"王越平老师用她的一言一行表达着她就是坚持梦想实现过程的铸梦人！

栀子、蓝草、五倍子、苏木、黄柏、槐花……大自然如此多姿多彩。感谢王越平老师和她带领的学生们在植物染技术领域传递给我们的专业知识，健康的生活和五彩斑斓的心情！

吾师，梦想继续！会有更多的人与您同行！

秦晓霞

2019 年 8 月 7 日于北京爱慕时尚工厂

目录

扎染围巾，张亚军制作

在悠久的人类历史中，人们学会了用自然界的有色材料装饰自己，从此有生命的地方就有了色彩，色彩让这个世界五彩缤纷！

回顾我国几千年植物染色的光辉历史，叹息植物染料染色在 20 世纪日渐模糊的身影。进入 21 世纪，在全球呼唤"生态、绿色、环保"的大潮下，天然植物染料凭借其无毒、无害、与环境友好、生物降解性良好等特点，再度被世人关注。

本章概述植物染料的来源及分类，回顾了植物染料染色的发展历程，并展望植物染料未来的应用前景。

第一章

植物染料及其染色概述

第一节　植物染料的来源及分类

一、天然染料与植物染料

根据英国染料和染色家协会给出的定义，天然染料是指从植物、动物或矿产资源中获得的、很少或没有经过化学加工的染料。根据天然染料的来源，将其分别命名为植物染料、动物染料和矿物颜料。矿物颜料是各种无机金属盐和金属氧化物，因与纤维间无化学反应而称之为颜料，主要有棕红色、蓝色、淡绿色、黄色、白色，经过粉碎混拼后可得到 20 多个色相；植物染料有茜草、紫草、苏木、蓝草、红花等；动物染料有虫（紫）胶、胭脂虫等。天然染料中以植物染料（日本称"草木染"）为主，动物染料、矿物颜料所占比例较少。我国是世界上最早用植物染料对纺织品染色的国家之一。

自 1856 年合成染料诞生以来，由于其色谱齐全、色泽鲜艳、耐洗耐晒、价格便宜、加工方便、性能稳定等诸多优点，逐渐替代了天然染料成为纺织品染色的主要着色物质。但是研究发现很多合成染料对人体皮肤有刺激性，甚至导致皮肤病乃至诱发癌症。随着人们对环保及自身健康的日益重视，植物染料以无毒无害、无污染的特点脱颖而出。同时，植物染料的染色产品色彩独特、别致，迎合了人们追求个性化、多样化的心理。此外，部分植物染料兼具保健功能的特点，使得植物染料在 21 世纪重获新生。

二、植物染料的来源

植物染料在中国古代被称为"染草"，利用植物的木、根、茎、叶、皮、果实、花蕾、花朵中所含的色素对纤维着色。《唐六典》中记载"凡染大抵以草木而成，有以花叶，有以茎实，有以根皮，出有方土，采以时月，皆率其属二修其职焉"。可见，我国古代的染色材料基本为植物染料。据统计，自然界至少有 1000~5000 种植物可以提取出色素，如茜草、苏木、红花、石榴皮、姜黄、栀子、槐花、黄柏、黄栌、黄连、紫草、洋葱、五倍子、薯莨、诃子、槲寄生、蓝草等。

根据这些植物在生活中的用途，可分为中草药类染料和生活废弃物（蔬菜、果皮屑等）类染料。从保健、药用价值出发，染色爱好者可以选择中草药类染料；从环保角度出发，染色爱好者可以将生活中的废弃物利用起来，既达到了染色的目的，降低了成本，又保护了我们赖以生存的环境。这也是本书的初衷。

三、植物染料的色相

植物染料的色相是指用染料对纤维或织物直接染色后的颜色。已统计的植物染料中以黄色、黑色、红色品种最多，蓝色、紫色、绿色最少。

1. 红色

自然界中，大多数红色染料隐藏在植物的根、树皮或花中。尽管红色染料来源有限，但它们在一种植物中存在大量色基，因此容易提取。较主要的红色植物染料来源有茜草、苏木、红花、棠叶等。

2. 黄色

黄色染料是最生动的，也是自然界存在的所有色相中最充足的染料。自然界中的黄色染料色泽各不相同，从鲜艳、亮丽到灰暗的黄色调、从暖色到冷色的黄色调应有尽有。如栀子、槐花、柘木、郁金、姜黄、黄栌、黄柏、石榴皮、茜草、黄连、地黄等。

3. 青蓝色

从古至今，靛蓝一直是最主要和最常见的蓝色染料之一，它主要从菘蓝、蓼蓝、马蓝、木蓝等蓝草植物的叶子中提取。此外利用现代工艺将栀子黄发酵得到的栀子蓝也是蓝色染料之一。

4. 棕黑色

主要的天然棕黑色染料来源有：茶叶、五倍子、薯莨、皂斗、乌桕、诃子、核桃皮、莲子壳等。一些树皮中也存在黑色染料，如桤木树皮、阿拉伯金合欢树皮等。大多数棕色染料在铁媒染剂的作用下形成棕黑色。

5. 其他颜色

鼠李、大荨麻可作为绿色染料来源。自然界中的叶绿素含量很多，但是叶绿素不溶于水，是一类含脂的色素，用现代技术将叶绿素转变为叶绿素铜钠盐，就可以溶于水用于染色了。紫草为典型的紫色染料。

染料除了按色相分类，还可以从应用方法、染料结构等角度分类。按染料应用分，如栀子、姜黄等属于直接染料；酸性染料有红花等；靛蓝为还原染料；其他大部分植物染料属于媒染染料。

第二节　我国植物染料染色历史概述

植物染料及其染色技艺的发展史就是一部人类文明进化史。从广义的染色来说，可以追溯到洞穴文化发展时期。早在2万多年前北京周口店山顶洞人用于涂绘居住山洞的颜料、人类用于涂饰各种佩戴在人体身上的装饰品以及原始部落文面文身的颜料都是矿物颜料，直到人类懂得将蚕丝、树皮、羊毛捻成线、织成布后，又将涂于身体、饰物上的颜料研磨成粉状，涂染在织物上，从此便开始了纺织品着色的历史。湖南长沙马王堆汉墓中就发现有整匹朱砂染色的织物。随着矿物颜料越来越少，植物染料因可以大量种植而盛行起来。

植物染色是中国古代染色技艺的主流。早在4500多年前的黄帝时期，人们就开始利用植物的汁液染色。夏代已经开始种植植物染料蓝草。到了周代，皇帝祭祀先帝时就穿着栀子染的黄色祭服，民间有专门的染匠从事丝帛染色，政府机构设有专司染色的机构，也有了较明朗与丰富的相关文献记载。

关于春秋战国时期的染色状态，可以从荀子的"青，取之于蓝而青于蓝"的文字中了解到当时的色彩使用状况。

作为诸多植物染料中应用最广泛的一种，蓝草从夏代种植开始到春秋战国时期，人们已经掌握蓝靛染色的使用方法。在贾思勰的《齐民要术》、宋应星的《天工开物》以及李时珍的《本草纲目》等著作中都详细记载了蓝草的种植、造靛和染色工艺。直至今日，在云南、贵州等少数民族地区仍保留着传统的蓝草制靛及染色技艺，将中国民间的蓝扎染布、蓝蜡染布、蓝印花布一直流传至今，成为当地一道独特的风景（图1-1）。在《考工记》与《天工开物》中已经有确切的染色记录，也多处有关于染色方法的记载，如《考工记》中关于媒染剂的记录，"以涅染缁"。缁就是黑色的意思；涅的意思，根据汉末高诱注："涅，矾石也。"涅就是可做黑色染料的矾石。涅石又称为青矾、皂矾、绿矾，是含硫酸亚铁的矿石。涅石的作用是让许多植物染料产生（棕）黑色沉淀，只要反复浸染便可得到（棕）黑色，这也是中国古代染（棕）黑色的方法之一。

根据有关记载，秦人对色彩已经有比较高的敏感度。在《考工记》《尔雅》中都提到，我国殷、周时期就逐步掌握了复染法和套染法。人们运用复染的技巧取得深浅不同的色彩，如以茜草染色，以明矾为媒染剂，反复浸染不同遍数后，颜色就由桃红色过渡到猩红色。除了复染外，也使用套染的方法来染色。套染的技巧是让两种以上的染料陆续着色，以得到第三色。如先以蓝草染蓝色，再以栀子染黄色，就可以得到绿色；先以红花、茜草染红，再以蓝草染蓝，就可得到紫色。这些技巧在西周时期被开发出来，在秦朝得以发展。秦朝的染色证据，可以从新疆出土的遗物中发现，如 1985 年新疆且末扎洪鲁克古墓出土的毛织品，仍然保有杏黄、石蓝、深棕、绛紫等色彩。秦朝使用的植物染料，有蓼蓝、马蓝、茜草、荩草、紫草、鼠尾草等。蓼蓝、马蓝染蓝色，茜草染红色，荩草染黄，紫草染紫，鼠尾草染灰与黑。

图 1-1　云南巍山地区家家户户都有染缸和庭院中晾晒的蓝染制品

汉代的色彩可以从出土的汉代织锦中窥测一斑。在1972年湖南长沙马王堆古墓出土的西汉丝织品和服饰中，发现所用色线颜色有绛、大红、黄、杏黄、蓝、淡蓝、翠蓝、湖蓝、宝蓝、绿、叶绿、油绿、紫、绛紫、茄紫、褐、藕荷、古铜、杏色、纯白等，多达36种，而且颜色清晰，可见中国古代天然染色色彩之丰富。图1-2为新疆出土的汉代"五星出东方"织锦（仿制品）。大约在秦汉之际，我国西南地区的少数民族发明了蜡染技术，在古代叫作"蜡缬"，就是利用蜂蜡、石蜡作为防染剂，先用熔化的蜡在白帛、布上绘出花卉图案，然后浸入靛缸染色（以染蓝为主，需要低温染色）。染好后，将织物用水煮脱蜡而显花，就得到蓝底白花的印花织品，具有浓郁的民族特色。如今贵州黔东南地区的蜡染已成为风格独特的传统民间手工艺（图1-3）。

图1-2 新疆出土汉代"五星出东方"织锦（仿制品）

图1-3 当代贵州苗族的蜡染过程及作品

南北朝时期印染技术较为突出的发展是"绞缬""夹缬"等染花技术的流行。"绞缬"，现代称"扎染"，是一种机械防染法，先把织物折叠、撮合、用线捆绑或钉缝、抽紧、系成小结，然后浸染、拆去捆扎线，就出现了白色图案。绞缬中最精致的技艺属"鱼籽缬"，因图案细致如鱼籽状，故命名。南北朝时期的鱼籽缬多染成红色，与鱼籽更加相像，中国丝绸博物馆就收藏了一件较为完整的北朝绞缬女绢衣（图1-4）。"夹缬"是用两块雕镂相同图案的木花板，把布、帛折叠夹在中间（要求夹得非常紧），然后进行浸染，于是便出现了对称图案的印染制品。"绞缬"、"夹缬"、"蜡缬"等防染技法在唐代达到鼎盛，至今日本京都正仓院还收藏着我国唐代制作的夹缬和蜡缬的山水、鹿草木、鸟木石、象纹等屏风，已属艺术珍品。

唐朝的服色具有鲜艳明丽的特色，主要流行红、绿、黄、紫、蓝、白色，唐代的服饰色彩几乎成了之后各朝代承袭的对象。蓝染在唐朝时，已经和红花染一起被传到日本。从新疆吐鲁番古墓出土的自晋朝至唐朝的出土文物中可以证实当时服饰色彩的丰富。所用染料大致以植物染料为主，染出的色相有红色系的银红、水红、猩红、绛红、绛紫；黄色系的橙黄、鹅黄、菊黄、杏黄、金黄、土黄、茶褐、烟、驼等；青蓝色系有蛋青、天青、翠蓝、宝蓝、赤青、藏青等；绿色系有墨绿、叶绿、果绿、葱绿、草绿、葫绿、豆绿、粉绿；

无彩色系有鸽灰、赤灰、白、黑等，显然它们都是采用套染技术染成，表明我国的套染技术在唐代已经很成熟，经验已非常丰富。

据记载，宋朝的印染技术已相当全面，色谱也愈加完备。纺织品服饰印染技术达到了新的高度，凸版印花和镂空版印花制作非常精巧，浆料的配制更为科学。南宋镂空的印花版开始改用相对简便的油纸版，代替之前的木版，所以印花更加精细，由此逐渐产生了漏浆防染的蓝印花布技艺。

明代的许多资料中记载了植物染色相关技艺。《天工开物》中与染色有关的篇幅内出现的染色方法有二十多种。在蓝染方面，记录有蓼蓝、马蓝、吴蓝、莧蓝等蓝色染料的名称。《天工开物》中"彰施第三"之大红色，详细地记录了当时如何做工以染出大红色的纲要，即以红花饼，用乌梅水煎出，再用碱水（或稻草灰）媒染数次，染的次数越多，色泽越鲜艳。紫色用苏木染，青矾作媒染剂。大红官绿色以槐花煎水染，再以蓝靛盖之，媒染剂用明矾。蛋青色用黄檗水染再入靛缸。玄色用靛水、芦木、杨梅皮分煎。包头青色用栗壳或莲子壳加上青矾。可以看出古代服饰色彩都是从植物中得到，媒染剂也是以稻草灰与碱水或明矾居多。明代还有一本与染色有关的参考性书籍《本草纲目》，虽然是本药书，但对各式各样的植物特性有着详细的描述，也有许多可以作为染色植物的附带记载。

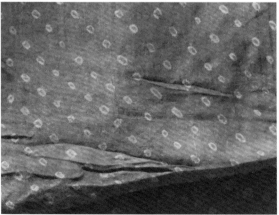

图1-4　北朝时期的绞缬女绢衣及鱼籽缬放大效果（中国丝绸博物馆藏）

如红花、番红花、蓼蓝、马蓝、木蓝、茜草、藤黄、黄栌、紫草、栀子、槐、苏方木、姜黄、五倍子等都可以作为染色的植物，这些植物同时是中药材料，也是染色的原料。

到了清朝，我国的植物染料应用技术已经达到相当高的水平。官府设有江南织造局，专为皇家贵族织染衣物，红楼梦的作者曹雪芹的祖先从曾祖父开始三代，就是江南织造局的负责人。江南织造局下管江宁局、苏州局、杭州局三个主要的织造染色机构，染料的开发也随着织造业的发达而有所发展。清朝时期，我国天然染料的制备和染色技术都已达到很高的水平，染料除自用外，还大量出口。中国应用天然染料的经验随丝绸一同传播到海外各国，产生了久远的影响。乾隆时，有人这样描绘上海的染坊："染工有蓝坊、染天青、淡青、月下青；有红坊，染大红、露桃红；有漂坊，染黄糙为白；有杂色坊，染黄、绿、黑、紫、虾、青、佛面金等"。清代的《雪宦绣谱》中出现各类色彩名称共计704种。此外，清代少数民族地区的各种印染技艺逐渐形成独特风格，做工精细，蜡纹细密。在19世纪化学染料出现前，植物染色独领风骚。

植物染色不仅采用普通浸染的方式，自唐代流传下来的绞缬、蜡缬等技法在植物染料染色中应用广泛，民间"绞缬""蜡缬"技艺一直传承至今。单色、多色，蓝白色、彩色的扎染、蜡染产品流传到各地，与当地的民风民情相结合，发展成为具不同风格的中国民间手工艺产品，云南巍山地区白族的扎染产品做工细致，纹样淳朴、精美（图1-5、图1-6）。

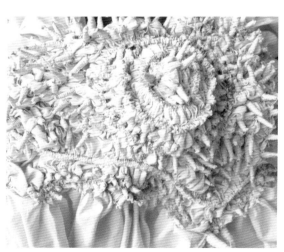

图1-5　当代云南巍山县白族的扎染过程及作品

图 1-6　云南巍山地区的彩色扎染产品

第三节　植物染料染色的发展及其在纺织品中的应用

整个 20 世纪，合成染料替代了天然染料，成为纺织品染色的主要用染料。但是 21 世纪以来，环境的破坏、自然灾害的频繁出现、人类疾病的肆意横行，使人们怀念起植物染料独特的色彩、安全环保的优势，甚至保健的功效、传统技艺的保护与传承，无论从哪一点来说都让我们无法丢弃这一中华民族宝贵的财富。在日本、韩国，植物染色的继承、保护、研究、推广工作一直在进行；美国 20 世纪 90 年代后期开始流行植物染色的有机棉产品；中国云南、贵州、广西、福建等地区还有部分传统植物染技法保留了下来，让传统的、健康的、宝贵的传统技艺得以保护、传承与发扬并服务于现代人，这是本书写作的目的之一。

一、植物染料的发展前景

纵观中国几千年植物染技艺的传承过程，先民们经历并完成了以下几项任务。

①植物染料品种的筛选阶段，红、黄、蓝、棕、黑、紫各色相植物的筛选，色素含量较高品种的选用等，并将其从野生变为大规模地人工栽培与种植。

②植物染料的提取与保存工作，为了便于随时随地使用并保存染料，将色素提取出来存放和使用，如蓝靛呢、红花饼、槐花饼等。

③植物染料染色方法的摸索与丰富，从简单浸染，到媒染、复染、套染，甚至混染等方法。寻找到适合各种植物染料染色的方法。这些方法以实用为标准，以色牢度为准绳，有很强的实用价值。

④在此过程中也衍生出了绞缬、蜡缬、夹缬与灰缬等染花方法，丰富了植物染色的视觉效果。

⑤植物染色从最初的手工、家庭化的个体行为发展为一项技艺、一个行业、一个产业；各代王朝都设有专门掌管染色的机构、官员、职务，甚至这些官方的染色管理机构又是研究机构，垄断着当时染色技艺的专利，代表了植物染色的最高水平；"彰施"行业有明确的分工，有染坊、有卖染料的货郎，能赚钱（《史记·货殖列传》中有记述，栽种千亩栀子的农夫与千户侯同富）的行业，有批量加工的产品，到明清专为皇家提供大量的贡品，这也是一个不小的批量；甚至还有专属的高端客户群——皇家贵族，老百姓作为为数众多的低端客户群，也有其专属产品。

植物染在明清时期的辉煌是否是中国植物染料、植物染色未来的前景和目标？将传统植物染与现代科技结合，必将提升植物染技术的自动化、稳定性和统一性等，所以植物染色的色彩单一、暗淡、色牢度不好等偏见都必将被改变。

二、植物染色在现代纺织品中的应用

植物染料的特点使其特别适用于高档的、健康的绿色产品。植物染料的优越性能在以下几种用途上表现尤为突出。

1. 高档真丝、羊毛、羊绒制品

由于真丝穿着舒适，除用作高档礼服外，还多用于内衣、睡衣、衬衫、围巾等贴身衣物，这一用途提高了真丝对染整加工的环保生态要求。长期实践证明，大部分植物染料可用于真丝、羊毛、羊绒染色。我国古代劳动人民就是用各种植物染料将丝织品染出绚丽的色彩。如长沙马王堆一号汉墓出土的深红绢和长寿绣袍的底色，即是用植物染料中的茜草染成的。尽管在地下埋藏了两千多年，但其色泽依然鲜艳。

2. 保健内衣

专家认为，满足人体舒适和保健需求的绿色纺织品将成为家庭健康消费的最基本内容。随着人们对生态养生内衣的迫切需求，保健内衣将掀起内衣的革命。植物染料大都有药物作用，如抗菌消炎、活血化瘀等。所以用植物染料染制的纺织品将会成为保健内衣的主力军。

3. 家纺产品

随着人们生活水平的提高，家纺产品将由经济实用型向功能型和绿色环保型转化。由植物染料染制的床单、被罩、浴巾等家纺产品必然会因符合生态环保标准和具有医疗保健功能而受到人们的青睐。

4. 装饰用品

植物染料染制的装饰用品在欧美地区尤其受到欢迎和喜爱。将植物染料染色与我国传统的扎染、蜡染技艺相结合，大大丰富了产品的外观。如云南巍山彝族回族自治县的人们就是用植物染料制作扎染产品。他们将扎好的花样图案用山上采来的植物染料浸染，染成的花型纹样清晰别致、古朴自然，面料可缝制成桌幔、椅垫、窗帘等各种装饰用品。

科学技术的发展使植物染料在 21 世纪将重新焕发出新的生命力，可以预见，植物染料将作为未来纺织品染料的环保型替代品而崭露头角。

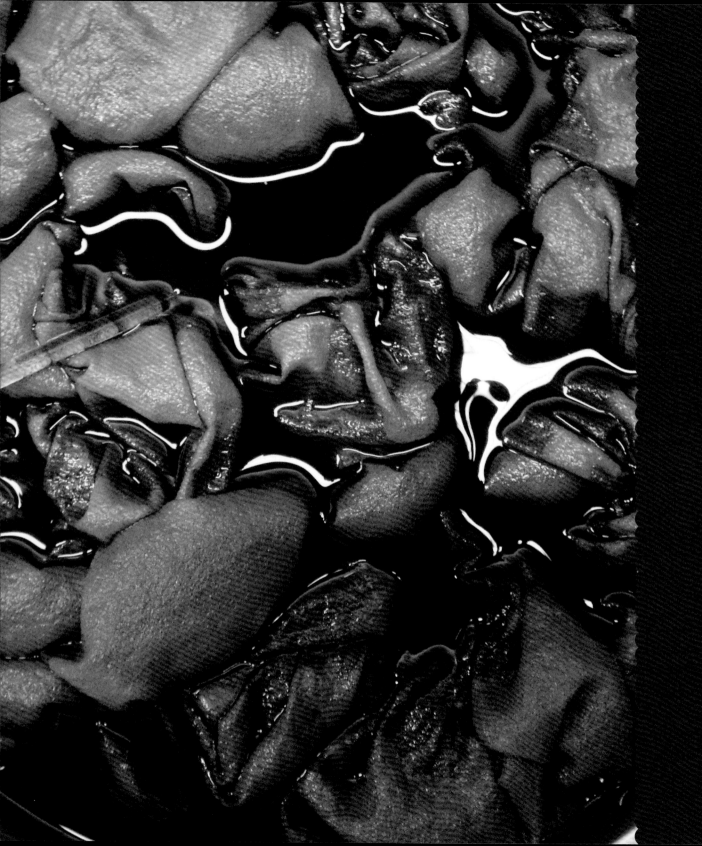

染色是一个既简单又复杂的物理化学过程。作为一门技术，染色爱好者需要了解并掌握染色的基本知识与操作，关于染色方法、染色对象、染色用工具、色彩的表达与评价等内容都必须要掌握。当然植物染料染色与合成染料染色大多是相通的，因此本章重点针对植物染料染色的特殊之处进行阐述。

〈〈第二章〉〉

植物染料的染色工艺与实践

第一节 染色知识概述

一、染色概述

染色过程是将染料从染浴中转移到纤维上，并赋予纤维特定颜色的过程。染色方法可分为浸染（染色物在染浴中浸泡染色的方法）和轧染（受轧辊加压，使染液渗透染色物并去除多余染液的方法）两种。由于轧染需要借助一定的仪器设备才能实现，对于染色爱好者而言，多采用浸染方法。

纺织品染色采用的浸染方法，是将纺织品浸渍于已配制好的染液中，在一定的温度条件下，保持一定时间使染料上染纤维并固着在纤维上的染色方法。浸染时，染液及被染物可以同时（或单一）循环运转，或通过不断搅拌来完成染色过程。在染色过程中，染料逐渐上染纤维，染液中染料浓度相应地渐渐下降。染后还要经过洗涤（皂洗），去除浮色。采用浸染方法得到的面料或服装通常是一种颜色。

浸染方法适用于各种形态的纺织品染色。如散纤维、纱线、针织物、机织物，特别适用于稀薄织物、网状织物等不能经受张力和压轧的被染物的染色。

浸染时，首先要保证染液各处的染料、助剂的浓度均匀一致，否则会造成染色不匀，因此染液和被染物的相对运动很重要，染色过程中要注意时时进行搅拌。同时上染速率太快，也易造成染色不匀，因此通过调节温度及加入匀染剂可达到控制上染速率的目的。调节温度时应使染浴各处的温度均匀一致，使温度从低逐渐缓慢升高。

纺织品在纤维生产和纺织加工过程中会受到各种张力的作用，为了防止或减少在染色过程中发生收缩和染色不匀的现象，应预先消除其内应力。例如织物染色前应在水中均匀润湿，既可消除内应力又可使染料均匀、透彻地上染织物。

二、染色的影响因素分析

在上述染色过程中，对于确定的某种材料来说，影响其染色效果的主要因素有：染色方法、染料及染料浓度、染色时间、染色温度、染色助剂及其浓度、浴比等。

1. 染色方法

染色方法是影响染色质量与染色效果的重要因素。与浸染相比，轧染可以获得较好的透染效果，减少白布芯、白纱芯现象。扎染、吊染、盐染等特殊染色方法的运用，可以使织物获得新颖、独特的染色效果。

2. 染料及染料浓度

不同的染料，染色性质不同，适用于不同染色材料的上染。染料浓度与所设计上染颜色的深浅有关，染料浓度一般用术语"对织物重（weight of fabric）"表示，简称为"o.w.f."。染料用量取决于待染材料的重量和浴比。例如，被染物 500g，浴比 1 : 30，染料浓度为 4%（o.w.f.），则染液体积为 15L，所用染料为 20g。如果以植物为染料，因植物中色素含量很少，需增大染料用量。

3. 染色助剂

染色助剂可以起到促染、缓染或提高色牢度等作用，根据不同的染料性质选择相应的染色助剂。

4. 染色温度

染色温度的确定取决于染料和待染材料两方面的性质。一些待染材料或染料不能承受高温处理，因此染色温度必须降低。如植物染料中的红花红和靛蓝需要低温染色，温度过高会破坏染料结构。当然对大多数染料而言，温度越高，越有助于上染。

5. 染色时间

升温速度慢、染色时间长，有助于染色均匀、上染深色。当然时间长会消耗更多的能量。

6. 浴比

浴比为被染物重量与工作液的重量之比。如欲染500g织物，染液总体积为15L，浴比则为1：30（水的密度为1.0g/cm³）。浴比大小对染料的利用率、匀染性、能量消耗及废水量等都有影响。一般而言，浴比大对匀染有利，但会降低染料的利用率及增加水消耗量。为了提高染料的利用率，在保证匀染的情况下，可加入促染剂以提高染料的利用率。

三、植物染料的染色方法

染色方法既可以按照染料上染纤维表面及内部的方式分为浸染与轧染，也可以按照是否使用媒染剂分为直接染色法（无媒染色法）和媒染法。植物染料分子结构各不相同，染色方法也有较大的差异，如蓝草中的还原染料。另外一些植物染料上染率低，为了达到一定的染色深度往往需要反复多次染色。套染是植物染料丰富色相的有效方法。

1. 直接染色法

植物染料主要靠范德华力和氢键上染纤维，对于一些溶解度好的植物染料，从植物中提取后制备的染液可直接用于纤维的染色，染料能直接吸附到纤维上，从而获得一定的色泽。

2. 媒染法

某些植物染料的色素对水溶解度颇好，染液成分虽然能直接吸附到纤维上，但为提高染色牢度，往往采用媒染法进行染色。目前常用的媒染剂主要有硫酸铝钾（明矾）、醋酸铁、硫酸亚铁（绿矾）、氯化亚锡、锡酸钠、硫酸铜（蓝矾）等金属盐类物质。通过金属离子把染料分子同纤维联系在一起，一方面增加了染料的上染率，另一方面也改善了染料的染色牢度。但是一些含有重金属离子的媒染剂，如锡、铬等金属离子对环境有危害，同时也会对人体产生不良影响，因此媒染剂使用时需合理筛选。

此外就植物染料的色相而言，目前尚存在色谱不全的问题。为了丰富植物染料的色彩，一方面从自然界中筛选含有各种色素的植物，另一方面当同种植物染料使用不同的媒染剂时，往往会使被染纤维呈现不同的色相，因此可通过改变媒染剂种类补充植物染料的色相。

媒染过程可以在染色之前、染色的同时或染色之后进行，因此媒染法可分为预媒染法、同浴媒染法以及后媒染法三种方法，它们各有特点，可根据植物染料的性质和品种选用。

（1）预媒染法

预媒染法是将染色材料先用媒染剂处理，再用植物染料染色的方法。预媒染法的优点在于可及时控制颜色浓度，仿色比较方便，特别适用于染淡色和中色。缺点是染色过程繁复，过程较长，且待染材料经媒染剂处理后，加快了染料上染速率，容易染花，染色物摩擦色牢度偏低。均匀的预媒染处理，是保证染色均匀的前提。

（2）同浴媒染法

同浴媒染法是将植物染料和媒染剂放在同一浴中染色的方法。在同浴媒染时，染色材料的媒染剂处理、染料的吸附、在纤维上形成络合物是同时发生的。同浴媒染法最大的优点是将两个过程在同一浴中完成，工艺简单，染色时间短，色光容易控制。缺点是因上染与络合反应同时完成，染料在纤维内的扩散往往不够充分，染深、浓色时产品的摩擦色牢度不及后媒染色法好，故这种方法应用较少。

（3）后媒染法

后媒染法是先用植物染料染色，再用媒染剂进行媒染处理的染色方法。在实际应用中，大多使用后媒染法染色，其优点是匀染和透染性好，适宜染深浓色。缺点是染色过程长，色光和仿色不易控制，这是因为染色物的颜色只有在媒染之后才能表现出来，但如果严格控制工艺条件和掌握染料染色性能，这些缺点可以克服。

3. 氧化还原法

氧化还原法为通过还原剂的还原性将植物染料中的色素还原后直接上染的染色方法。最具代表性的还原植物染料为靛蓝，这是由染料性质所决定的。还原染料因其先还原再氧化的方法，其染色牢度往往较高。

4．复染法

复染法即将织物进行反复多次染，而获得深浅颜色的方法。中国古代西周时期已开始使用复染方法，到春秋战国时期，复染方法已被普遍应用。《尔雅·释器》中提及："一染、再染、三染；一染谓之縓，再染谓之赪，三染谓之纁"，縓、赪、纁，分别指黄赤色、浅赤色、绛色，不同深浅的红色。复染的方法既可以物尽其用，既充分利用染料，又可以让织物逐渐"吃色"、缓慢上色，上色更深，避免了一下子"吃色"过多而出现浮色、掉色现象。因此，通过多次复染织物的色牢度大大提升。

5．套染法

使用两种以上的不同染料使织物着色的方法称为套染。例如，绿色通常是蓝色套黄色而获得。这样可以解决部分植物染料色谱不全的问题，为植物染色所特有的一种方法。套染的规律通常以浅色为底，以深色盖之，且不同浓度的染液配以不同的组合，可获得异常丰富的色彩。

以上几种方法都是中国古代常用的染色方法。

四、色彩的表征指标

为了使色彩的表征更准确，常常用量化的特征值 Lab 值来表示，如图 2-1 所示。

①L：明度。指有色物体单位面积反射或发射光的强弱程度，表示色彩在视觉上所引起的明亮程度，是人眼对物体的明暗感觉。该值越大颜色越亮，越小则越暗；

②a：红绿轴。正数表示颜色偏红色，负数表示颜色偏绿色；

③b：黄蓝轴。正数表示颜色偏黄色，负数表示颜色偏蓝色；

④c：彩度、纯度。亦称饱和度，是指颜色中所含有色成分和消色成分的比例，或者说是颜色中光谱色的含量，也称彩色的纯洁性。在颜色中，所含的有色成分越多，颜色越纯，即纯度越高。

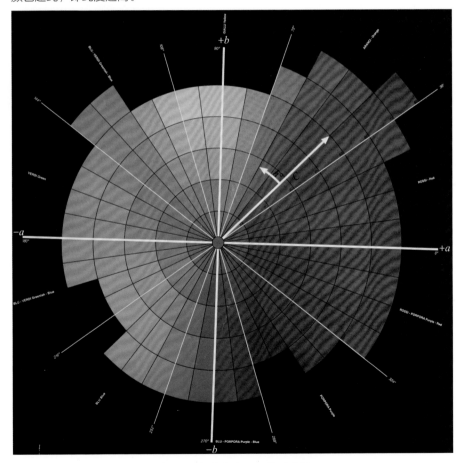

图 2-1　色彩表达 Lab 值示意图

五、染色质量要求及色牢度评价方法

1. 纺织品色牢度简易评价方法

纺织品的染色牢度是指有颜色的织物在加工、缝制及使用过程中受外界因素的影响，仍能保持原有色彩的一种能力。外界因素是指摩擦、熨烫、皂洗、日晒、汗渍及唾液等。染色牢度与使用染料的性质、纤维材料性质、染色方法和工艺条件有着密切的关系。染色牢度主要分为以下六个方面：耐水色牢度、耐摩擦色牢度、耐皂洗色牢度、耐熨烫色牢度、耐日晒色牢度及耐汗渍色牢度等。

（1）耐摩擦色牢度

色布的耐摩擦色牢度分为干摩擦色牢度和湿摩擦色牢度两种。简易评判方法见图2-2。用一块干（或湿）的白色棉细布在色布上来回摩擦一定次数（图2-2①），然后观察色布的褪色情况和白布的沾色情况（图2-2②），如果色布与未摩擦前一样，或白布上未沾上颜色，则表示耐干（或湿）摩擦色牢度好。耐摩擦色牢度的评定按"染色牢度褪色样卡、染色牢度沾色样卡"标准中所规定的等级来评定。其中共分五级，一级最差，五级最好。

植物染料为了提高染色深度，采用高浓度的染液染色，得到的染色织物摩擦色牢度不佳。而采用较低浓度的染液反复多次染，使之充分浸透，可得到摩擦色牢度较高的染色织物。

（2）耐皂洗色牢度

色布经皂洗后，用清水洗净晾干，其褪色程度称为耐皂洗色牢度。试验时要在色布上缝一块相同大小的标准白布同时皂洗一定的时间，然后评定色布的褪色及白布的沾色程度。植物染料染色织物皂洗时，最好用中性洗涤剂洗涤，碱性强的洗涤剂容易使染色织物掉色或发生色光变化。

（3）耐汗渍色牢度

耐汗渍色牢度是指有色织物经汗液浸沾后的变色程度。通常贴身穿着的面料需要进行耐汗渍色牢度测试。试验时，将试样浸入已配好的模拟汗渍溶液中，经过较长时间挤压，取出烘干，与原样比较，并按"染色牢度褪色样卡、染色牢度沾色样卡"中所规定的等级进行评级。

（4）耐熨烫色牢度

将色布用标准白布覆盖后，在允许承受的熨烫温度下，不加压熨烫15s后，将试样取出，置于暗处4h冷却后与原样对比，按"染色牢度褪色样卡、染色牢度沾色样卡"评定。以上各项色牢度均分为五级，一级最差，五级最好。耐熨烫色牢度试验时可分湿熨烫和干熨烫两种。

有些色布熨烫时颜色会变，但冷却后仍能恢复原来的色泽，且不变质。所以试样取出后要充分冷却才能评判。

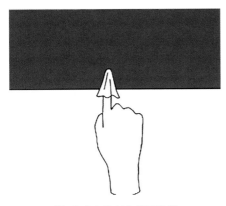

① 白布在色布上来回摩擦

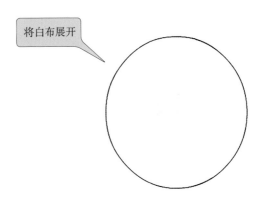

②观察白布上的沾色情况

图2-2 色布耐摩擦色牢度简易判断方法

（5）耐日晒色牢度

耐日晒色牢度是指色布在天然日光或日晒机中人造光源下照射后变色的程度。光照后按褪色样卡进行评判。耐日晒色牢度分为八级，一级最差，八级最好。植物染料的耐日晒色牢度较差，特别是黄色日晒牢度更差，因此这种服装服饰产品在晾晒时不可阳光暴晒，需阴干。

2. 染色织物的质量要求

以羊绒制品的色牢度质量要求为例，参考表2-1。市场化的产品至少要通过GB18401的安全质量标准的检测才能上市。

表2-1　羊绒制品色牢度的质量要求　　单位：级

项目		考核级别	
		优等品	一等品
耐摩擦色牢度	干摩擦	4	3~4（深色3）
	湿摩擦	3	3
耐洗色牢度	变色	3~4	3
	沾色	3~4	3
耐汗渍色牢度	变色	3~4	3
	沾色	3~4	3
耐日晒色牢度	浅色	3	3
	深色	4	4

注：①表2-1中的各项色牢度，5级（日晒色牢度为8级）最好，1级最差。

　　②以上色牢度的检测方法及评判方法依照相关标准执行。

第二节　染色前的准备工作

一、染色安全

在染色过程中，不仅要使用染料和染色助剂（尽管植物染料大多没有毒性，所用染色助剂也很温和），而且根据纤维和染料的特性有可能需要高温条件，因此在染色中，务必重视采取安全措施，确保人身安全。

1. 工作区和生活区的隔离

由于染色过程将使用一些染化料，厨房不是理想的工作场所，应在厨房之外的空间搭建实验台，搁置可用于加热的电磁炉或其他加热设备。此外，烹饪器具与染色用器具要严格区分，最好不要使用还会用于烹饪的水壶、勺子和筷子等。

2. 详细了解染料及染色助剂的使用说明，避免使用有毒物品

通过详细阅读产品介绍、查阅手册等手段了解将要使用的染化料性质，避免使用有毒物品或具潜在危险的物质。

3. 避开窗帘和地毯等区域

窗帘和地毯大多为可燃、易燃物质，且会聚集空气中的杂质。

4. 将粉状和液态的染化料密封在罐中，注意防霉

一些染化料在空气中易吸湿、回潮，故各类染化料应密封在罐中。自行采摘或购买的染料也一定要注意防霉、变质，霉变的染料无法用于染色。此外，确保实验台、实验架的安全，重量大、体积大的物品应放置在地面，而不是架子上。

5. 确保通风良好

染色的场所尽量靠近窗口，保持良好的通风。

6. 提前做好防火、急救等准备工作

工作台附近放置灭火器、急救箱和急救电话等。

二、染色工具

染色需要借助各种各样的工具。在购买工具之前可先观察自己的生活环境，其实生活中有很多物品可直接利用或经过改良后利用。

1. 容器

小型容器：用于配制、储存染液，可用装饮料、果酱或调味品的废弃罐、塑料瓶、玻璃杯、不锈钢杯等。最好使用塑料、玻璃或不锈钢器皿，切记不要使用铝制、铁制的金属器皿，如图2-3①~④所示。

染色用容器（图2-3⑤）：用于材料的浸渍和染色，尽可能用抗腐蚀性的耐热材料，如染锅或染缸等，个人创作也可以选择废旧的不锈钢盆、不锈钢蒸锅等。染色容器体积尽可能大，以保证染色材料在容器中易于搅拌，加入染色材料后染液达到容器体积三分之二最佳；染色容器口径不能太小，以便染色材料的取放；染色容器也不能过于扁平，要求染色材料完全浸没于染液中（图2-3⑤）。

2. 加热工具

根据具体工艺的设置要求，选用电磁炉、煤气炉、电炉等加热工具（图2-4）。

染色加热时，大多要逐步升温，且加热到一定温度后要保温一段时间，所以加热工具最好能有调温功能。另外还要注意一些电阻丝发热的电炉各部位温度的不均匀，以防染液不均匀加热。

①玻璃烧杯　　②塑料量杯　　③玻璃瓶

④塑料瓶　　⑤染锅（不锈钢锅）

图2-3　容器

①电磁炉　　　　　②电炉

图2-4　加热工具

3. 测试、配制染液和混合、搅拌用工具（图2-5）

精确的刻度称：用于染料、各种染色助剂和被染材料的称取。

温度计（0~100℃）：用于控制染浴的温度，确保染色效果。

定时器（分钟）：控制染色时间，满足染料充分上染织物的需要。

pH试纸：测试染浴的酸碱性。根据织物原料和染料特性的不同，需要采用不同酸碱性的染浴。

移液管、量筒：用于移取一定量的染液和化学品。

容量瓶：用于配制一定浓度的溶液。

以上量取工具可用带刻度的量杯、量筒替代。

搅拌棒：用于搅动染液，保证染色材料均匀受热，使染料均匀上染。采用细长的棍棒即可，如筷子、塑料棒、玻璃棒等。

温馨提示：

①染色时，一旦使用了某件物品，切记不管是新的还是可循环利用的，都不要再用于厨房操作。

②如果要将一个容器重复用于不同染料的染色，则要避免使用塑料制品。因为塑料制品有吸附性，后续使用时，其吸附的染料将会浸出并掺杂到正在使用的染料中。

③多种染料染色时，要准备多套工具，容器、搅拌、量取等工具不能混用，以防染液间串色。

④若需购买以上专业用品，可联系化工用品商店。

 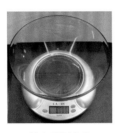  

①电子天平　　②电子厨房称　　③定时器　　④pH 试纸

⑤容量瓶　　⑥玻璃棒　　⑦三角瓶　　⑧温度计　　⑨量筒

图 2-5　染色测量准备用工具

三、染色用染化料

1. 染前用试剂

（1）酸、碱

植物染料提取过程中可以在水中加入一定量的弱酸或弱碱，有助于提取效率的提高。根据植物染料的特性及待染材料的耐酸碱性，染色时要求有适宜的染色 pH 值，如棉、麻、黏胶等纤维素纤维耐碱不耐酸，而羊毛、蚕丝等耐酸不耐碱，因此适合在酸性条件下染羊毛、蚕丝等，在碱性条件下染棉、麻，黏胶只能在弱酸弱碱条件下染色。酸性介质，可以采用蒸馏过的白醋（白醋浓度以 5% 为宜）、柠檬酸（晶体状），切记不要用强酸。碱性介质可以用苏打（碳酸钠）或小苏打（碳酸氢钠）。靛蓝染色前还原时用碳酸钠营造碱性环境。

（2）漂白剂

染色材料底色白，有助于染出的颜色鲜艳、漂亮，因此对于一些泛黄的棉、麻或毛、丝的本色布，染前可先漂白。

另外，漂白剂也可用于旧衣物改染前的褪色。家庭常用的漂白剂有过氧化氢和 84 消毒液。

过氧化氢具有强氧化性，可用于棉、毛、丝、麻等各类天然纤维的漂白，白度持久、环保，对纤维损伤小，但处理温度较高，条件严格，需到专门的化工用品商店购买，且对棉、麻与毛、丝的漂白处理条件不同，使用时需要注意过氧化氢用量，不得直接接触皮肤。储存时应将其密封，避免阳光直射，置于温度较低处，且不宜用金属容器装载。

84 消毒液是日常生活中常用的一种生活用品，因其中含有一定量的氯而具有漂白作用，但它只能用于棉、麻织物的漂白，氯会损伤毛、丝织物，故不能用于毛、丝织物的漂白。84 消毒液漂白使用方便，在室温下进行，白度不够可以延长处理时间，但用久会泛黄，且次氯酸钠或亚氯酸钠存在污染问题，现阶段棉、麻的漂白也多用过氧

化氢法。另外，84 消毒液对皮肤有刺激性，使用时应戴手套，避免接触皮肤。由于氯易于挥发，处理及储存时盛消毒液的容器均需加盖盖好。

2. 染色用助剂

为了提高染色效果，染色过程中可以适当使用一些助剂。在植物染料染色过程中，主要助剂是媒染剂。

（1）媒染剂

为了提高染色牢度、提高上染率，植物染料大多采用媒染法进行染色，因此染色时要使用媒染剂。目前，用作植物染色媒染剂的主要为铝盐、铁盐、铜盐等金属盐类（如硫酸铝钾、醋酸铝、硫酸亚铁、硫酸铁、醋酸铁、硫酸铜等）。研究表明选择合适的媒染剂，控制一定的染色条件可显著改善染色效果，但部分媒染剂含重金属离子（如锡、铬离子），被列入生态纺织品禁用的名单。各种媒染剂对植物染料色相的影响见表 2-2。

表 2-2　媒染剂对植物染料染色色相的影响

媒染剂	作　用
Sn^{2+}	比直接染的颜色更亮、更纯、更鲜艳，尤其在彩度与明度上作用明显，但氯化亚锡价格比较贵，且不环保
KAl^{2+}	与直接染相比，可以提高颜色明度，但没有 Sn^{2+} 明显
Cu^{2+}	大多使被染物颜色泛绿光
Fe^{2+}	Fe^{2+}、Fe^{3+} 使染色色相变化最大，多呈深棕色、深褐色，使颜色变深、彩度下降
Fe^{3+}	使颜色变深，效果比亚铁离子更明显

明矾（十二水合硫酸铝钾）、绿矾（七水硫酸亚铁）、蓝矾（五水合硫酸铜）是中国古代常用的三种矿物质媒染剂。

（2）还原剂

植物靛蓝染色前，需要先将其还原成可溶性靛白，靛白上染纤维后在空气中再氧化成不溶性靛蓝，附着在织物上。民间用密封陈置的米酒或其酒糟加入碱性（用碳酸钠调节）靛蓝染液内，人工发酵后进行还原染色。

因此，可以用米酒或酒糟（超市可购置）对植物靛蓝进

行还原。由于米酒及其酒糟内含有根霉菌、毛霉菌和酵母菌等微生物，根霉菌、毛霉菌都能分泌淀粉酶，使淀粉分解为葡萄糖；酵母菌能分泌多种生物酶，使葡萄糖变为丙酮酸，丙酮酸可进一步转化为乙醇，并在乳酸杆菌的作用下，转化为乳酸。在这些转化过程中，都具有还原反应，可使靛蓝还原为靛白。米酒糟中除有发酵需要的微生物外，还有微生物繁殖所需的养料，如淀粉、蛋白质、脂肪和维生素等。因此在靛蓝染液内加入米酒糟，既可解决微生物的接种问题，又

可解决微生物的营养繁殖问题，取材也很方便。生物发酵安全环保，但是生物酶的活性不好控制，且发酵时间比较长，如果不是长期用靛蓝染色，可以用保险粉作还原剂，操作简单、快速方便，但环保性不好。

3. 染后用试剂

皂粉或皂液用于染色后的皂洗，以去除粘在布面的浮色，使得产品在以后的穿着使用过程中，减少掉色。注意皂粉或皂液有呈碱性或中性之分，因为部分植物染料遇酸或碱变色（如姜黄染料），尽量使用中性皂粉或皂液。

部分染色用染化料见图2-6所示。

  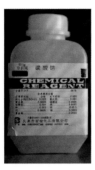   

①碳酸氢钠（小苏打）　②碳酸钠（苏打）　③白醋　④84消毒液　⑤米酒　⑥标准皂片

图2-6　染色用染化料

温馨提示：

供货商提供的助剂是有一定规格的独立包装，还有批量包装的产品。在订货购买时，需要注意规格、克重或体积等信息。

四、染液的制备

染料上染纤维前，需要配制成染液。如果使用的植物染料为市场购置的粉末状染料，可直接配制。否则，需要先采用下述方法从植物中将色素提取出来，而后进行特定浓度的染液配制。

1. 植物染料的提取方法与操作步骤

植物染料色素的提取方法最常用的为溶剂提取法，溶剂提取方法包括浸渍法、煎煮法、回流提取法等。以水为溶剂提取天然色素可考虑使用浸渍法和煎煮法，其中煎煮法适用于有效成分能溶于水，对湿、热均稳定且不易挥发的原料。以有机溶剂提取，可采用回流提取法。采用有机溶剂的回流提取法，既不环保也不适合家庭使用，故本书中均采用水提取法。

（1）苏木色素提取

以水煮法提取苏木色素为例，提取步骤如图2-7所示。

①从中药店购买苏木，称取一定的量。

②对苏木加以粉碎。

③按照料液比（1∶20～1∶50）量取一定量的水，加入苏木，40～50℃下浸渍约30min，或常温下浸渍一夜。

④升温到95℃并保温约60min，可加入少量苏打。

⑤用20目以上的筛网过滤并收集滤液。

⑥或用纱布过滤，得到一定浓度的染液。使用时再按照颜色深浅要求配制。

图2-7　苏木色素的提取过程

（2）紫甘蓝色素提取

以水煮法提取紫甘蓝色素为例，提取步骤如图 2-8 所示。

①取一定量的紫甘蓝。

②捣碎紫甘蓝。

③按照液料比（1∶10 ~ 1∶20）量取一定量的水，浸泡紫甘蓝，并加热。

④升温到 80℃并保温 90min。

⑤过滤并收集滤液。

⑥按照颜色深度要求配制一定浓度的染液。

图 2-8　紫甘蓝色素的提取过程

温馨提示：

① 根据染料种类可采用不同的提取温度和保温时间。

② 提取过程中加入相同温度的水，以补充蒸发的水分，维持浴比。

③ 根据提取情况，可以重复操作若干次（通常为 2 ~ 3 次），并合并滤液。

④ 对于质地比较坚硬的染料，充分粉碎，并浸泡一夜效果更佳。

⑤ 干态染料可以用 1∶20 ~ 1∶50 的料液比，湿态染料用 1∶10 ~ 1∶20 的料液比。

2. 植物靛蓝的制靛

蓝草植物的茎叶中含有蓝甙，从中可以提取靛蓝色素，是靛系还原染料。蓝草可以直接用其叶子搓染，但是蓝草叶不易保存，民间将其制成蓝靛呢使用。植物靛蓝的制靛过程是：采摘蓝草类植物的茎叶（叶子中靛蓝色素含量更高）冲洗，加水浸泡数日，令其发酵；之后在池中加入生石灰搅拌，形成青蓝色的固态状沉淀即靛泥。

每年8月下旬开始采摘蓝草叶，11月底结束。炎热的夏季浸泡3~5天，使蓝草茎叶浸泡均匀，逐渐变黑变软，将其捞出。不断搅拌所得液体，一边搅拌一边逐渐加入石灰水，持续搅拌、打靛。静置，去除上层水分，留下浓度高的蓝靛汁，蒸发干燥，即得靛泥（图2-9）。大型制靛的村寨在山谷中有专用的制靛池，小型家庭制靛的村寨，几乎家家都会用木桶或塑料桶制靛以备己用。

①蓝草

②浸泡蓝草叶

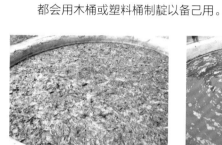
③沤晒蓝草叶

④清理蓝草叶

⑤加入石灰水

⑥打靛

⑦制成的靛泥

⑧家家户户的靛池

图2-9　蓝草的制靛过程

3. 染液的准备

（1）染色工艺处方的确定

根据待染材料的性质、选择的染料特性以及预期达到的颜色深度确定染色工艺处方。当采用浸染方法染色时，染色工艺处方中主要包括染料名称及其用量、染色助剂及其用量、织物重量及浴比、染色温度和时间等条件。

（2）染色用水的准备

通常染色过程以水为介质，水质的好坏将直接影响到染色产品质量和染化料、助剂的消耗。染色过程对水质要求较高，除要求无色、无臭、透明及pH值6.5～7.4外，还要求铁、锰的含量不超过0.1mg/L，水硬度则视用途而定，如配制染液时宜采用软水，染色后水洗用水硬度中等即可。植物染料染色用水质要求更高。

家庭使用的自来水虽是经过某些处理的天然水，但仍有一定的硬度（特别是北方地区的水质硬度更大），用于染液配制时需要进行软化处理，以降低水中的钙、镁等离子的含量。因此，染色爱好者可以购买软水剂（如六偏磷酸钠）对自来水进行软化处理或直接购置矿泉水、蒸馏水、软水，以满足配制染液用水的需要。

（3）染液的配制

若采用市场购置的粉状植物染料，需要按照染色期望达到的深度配制一定浓度的染液。根据染色工艺处方，计算染料用量和染液总量。配制时，称取一定量的染料置于杯中，缓慢地加入一汤勺温水，搅拌至黏稠状且没有结块，再缓慢加入一定量的热水（小于总液量）并搅拌至颗粒全部溶解。随后，加入剩余量的水分，搅拌均匀即为染液（图2-10）。

（4）染液的保存

染液的储存期限因染料类型和保存方法的不同而异。由于植物染料的稳定性较差或易发霉，保存时间短，建议现配现用。此外，由于植物染料的耐日晒色牢度普遍较差，所以染料及染液应保存在低温、阴暗的地方，并且密封良好。

①取一定量的粉状染料。　②用清水将称量好的染料调和，加热到40℃搅拌溶解。　③溶解得到的浓溶液，在染色前需加入剩余水量，即为染液。

图2-10　色素染液的配制

温馨提示：

目前因没有植物染料的准确鉴别方法，粉末状植物染料请谨慎使用。

五、染色用材料

植物染料多用于棉、麻、羊毛、羊绒、蚕丝等天然纤维及其制品的染色。因几种天然纤维成分不同（棉、麻属于植物纤维，主要成分是纤维素；丝、毛、羊绒属于动物纤维，主要成分是蛋白质），同一种染料的上染效果、上染条件等都不相同，所以在此简要介绍各种纺织纤维的特性。

纺织纤维经纺纱织成织物，织物是最常用的染色对象。在纺织过程中，可以采用一种原料纺织加工的织物，这种织物被称为纯纺织物，如纯棉、纯麻、纯毛、纯真丝织物；也可以使用两种或两种以上的原料织成织物得到混纺织物或交织织物（两种或两种以上的原料混纺成混纺纱，然后再织成的织物，称为混纺织物；经纬纱分别采用不同原料的纱线相互交织或不同原料的单纱合股成股线而织成的织物，称为交织织物）。织物原料不同将会得到不同的染色效果。

纱线织成织物的形式最常用的是机织和针织两种，所形成的机织物和针织物因结构松紧不同，染色效果也有差异。

（一）不同成分的染色材料

1. 常用染色材料的特性及应用

（1）棉纤维及其产品

天然棉纤维光泽柔和、朴实自然，原棉呈偏黄的本白色。棉纤维的主要化学成分为纤维素，同时还含有果胶及蜡脂质物质。未脱脂的棉花吸水性差，脱脂后的棉纤维具有很好的吸湿性、吸水性，具有良好的染色性能，但是由于植物染料的特点，植物染料在纤维素纤维上的染色效果不如羊毛、蚕丝等蛋白质纤维。碱对纤维素纤维的作用比较稳定，常温下氢氧化钠溶液会使纤维素发生溶胀，高温煮沸也仅有少量溶解。纤维素纤维遇酸后，强度严重降低，酸使纤维素纤维受到损伤。因此，染色爱好者在纤维素纤维的加工过程中，应尽量避免酸性条件下加工，以免纤维受损。棉纤维耐热性较好，可以经受短时间的高温处理。

就品种而言，棉花主要有长绒棉（海岛棉）、细绒棉（陆地棉）两个品种。其中长绒棉纤维细长、品质好，是高级棉纺原料，最著名的是埃及长绒棉以及美国的比马棉（Pima），我国的新疆棉也属于长绒棉。长绒棉制品精致、细腻，富有光泽，染出的颜色更能体现植物染料高雅、柔和的色彩特点。

棉布按漂白工艺可分为本白布、漂白布、半漂布。本白布染色后具有强烈的乡土气息，质朴无华；通常用于染色的材料是半漂布，用半漂布染色不会对染后的颜色产生影响，同时还可以降低成本；漂白布多作为成品使用，当然也可以用于染色，但要注意成品整理过程中添加的助剂（如柔软剂等）。

未脱脂的棉纤维，加之纺织加工过程中添加的浆料未被脱除的棉本色布，在染色前必须进行煮练、退浆处理，否则影响成品色泽。

鉴于棉纤维耐碱的特性，常对高档棉制品进行丝光处理。所谓棉丝光是用烧碱（氢氧化钠）对棉纱或棉布进行处理，烧碱会使棉纤维直径膨胀，制品强烈收缩，长度缩短。此时，若施加张力，限制其收缩，棉制品会变得平整光滑，并大大改善染色性能和光泽，这一加工称为棉丝光。对丝光后的棉制品进行染色加工，颜色更加鲜艳，光泽更亮，效果更好。

棉纤维纤细，手感柔软舒适，保暖性较好，且吸湿、透气，服用性能良好，但弹性差，易折皱。植物染色棉布特别适合于婴幼儿产品、内衣、夏季服装、床上用品、室内装饰用品等用途。棉布可加工成针织、机织产品，其中针织棉制品更适用于植物染色。

（2）麻纤维及其产品

麻纤维的种类很多，包括苎麻、亚麻、大麻、黄麻等不同品种，作为衣用纺织纤维的主要是苎麻和亚麻纤维。麻纤维的主要成分也是纤维素，但纤维素含量比棉花低，含木质素、半纤维素、果胶等纤维素的伴生物较多，且纤维结构大多紧密，这些都影响了麻纤维染色的难易程度及色泽的鲜艳度。但在麻纤维中，苎麻的纤维素纯度最高，颜色白、光泽亮，且苎麻纤维横截面有较大中腔、纤维壁上有裂纹，易得到比棉、亚麻更丰富的颜色。中国传统夏布就是苎麻布，植物靛蓝夏布是老百姓的日用服饰。麻纤维与棉纤维一样耐碱不耐酸，但耐酸碱性比棉稍强。麻纤维耐热性能好，高温处理不会损伤纤维。但是麻纤维较硬脆，压缩弹性差，经常折叠的地方容易断裂，不适合制作缝扎法的扎染产品，这是因为紧密的缝合、捆扎会损伤底布。

麻纤维吸水快干，而且导热性好，出汗后不贴身，穿着凉爽舒适，是制作夏季服饰产品的理想面料，此外还因为风格朴实自然、结实耐用、不易受潮发霉等特点，广泛应用于装饰布、床上用品、桌布、餐巾、手绢、抽绣工艺品等。

（3）真丝纤维及其产品

蚕丝包括桑蚕丝和柞蚕丝等，其中应用最广泛的是桑蚕丝，它比柞蚕丝手感柔滑、细腻、精致。蚕丝是天然纤维中唯一的长丝，一根蚕丝由两根平行的单丝组成，外包丝胶。脱胶后的蚕丝纵向表面光滑，加之随意自然的三角形截面，使真丝织物光滑、光亮、华丽、高贵。真丝纤维具有优雅、柔和、悦目的光泽，具有独特的"丝鸣"声。真丝绸种类繁多，如电力纺、双绉、雪纺、绉缎、乔其纱、真丝绡、真丝针织物等，有的轻薄透明，有的厚重如呢；有的外观平滑光亮，有的高低起伏光泽柔和。可用于高级礼服、高级睡衣、夏季衬衫、裙子等。

蚕丝纤维属于蛋白质纤维，吸湿性好。蚕丝的染色性能佳，特别是与植物染料有极强的亲和力，因此大多数植物染料都可以上染蚕丝。但蚕丝耐热性稍差，不宜在高温下长时间处理。蚕丝属于较耐酸的纤维，故可以在酸性条件下染色。蚕丝的耐碱性很差，但比羊毛的耐碱性要好。

氧化剂容易使蚕丝分子分解（如次氯酸钠），所以在使用氧化剂时要注意氧化剂种类的选择以及浓度、温度、时间等条件的控制。一般的还原剂对蚕丝作用较弱，没有明显损伤。蚕丝不耐光，长时间在空气中会氧化、泛黄。

（4）毛纤维及其产品

毛织物俗称"呢绒"或"毛料"。羊毛纤维表面覆盖着一层鳞片，鳞片层如同鱼鳞般地覆盖在毛干表面，使毛织物具有拒水功能，因此毛制品染色前必须充分浸泡使其润湿。另外染色温度也要稍高些（80℃以上），使鳞片张开，才能使染料易上染羊毛纤维。羊毛本色泛黄，未经成品加工的织物颜色偏黄，会影响成品色泽。羊毛属于蛋白质纤维，具有较强的吸湿性，具有良好的染色性能，染得的颜色纯正、浑厚、典雅、高贵。羊毛对酸的作用比较稳定，属于耐酸性较好的纤维，可以在酸性染浴中进行植物染料染色。羊毛对碱的稳定性较差，经碱作用后羊毛会受到严重损伤、颜色变黄等，在处理过程中应尽量避免碱性条件下加工。羊毛纤维对还原剂和氧化剂比较敏感，不耐含氯的漂白剂，因此羊毛不能用含氯漂白剂漂白，也不能用含漂白粉的洗衣粉洗涤。羊毛耐热性不如棉纤维，要严格控制处理温度和处理时间。

羊毛纤维柔韧、弹性好、抗皱、具有良好的保暖性，植物染羊毛制品可用于毛衣、围巾、帽子等秋冬季保暖产品，高支细羊毛围巾、冬季保暖内衣更显植物染色优势。

除绵羊毛可作为染色材料外，高档的羊绒纤维因比羊毛结构松，染色效果更佳。经植物染料染色后产品兼具环保、健康、舒适的特性，又具有高贵、高雅的外观，是高档产品的首选。植物染料对蛋白质纤维的染色性远优于纤维素纤维。

（5）其他纤维及其产品

在纺织品市场上，采用两种或多种原料制成的混纺及交织织物占了很大的比例，混纺或交织织物除使用以上四种天然纤维外，常常会用到再生纤维与合成纤维。

再生纤维中有黏胶纤维、铜氨纤维、莫代尔纤维、醋酯纤维等，其中黏胶纤维应用最广。黏胶属于与棉、麻一样的纤维素纤维，吸湿性强、悬垂性好、手感柔软、光滑，耐热性较好，但是易起皱、缩水率大、湿牢度差、不耐酸，耐碱性也不如棉纤维。黏胶纤维对化学染料的吸色性很好，但由于植物染料结构的原因，加之再生纤维表面光滑，所以植物染料对黏胶纤维上染的颜色较浅。莫代尔纤维与之类似。

合成纤维中应用广泛的有涤纶、锦纶、腈纶，其次为丙纶、维纶、氨纶等。合成纤维出现时，植物染料已很少应用于织物染色了，同时合成纤维大多不易染色，如涤纶、丙纶很难染色。所以目前植物染料多是对棉、麻、丝、毛等天然纤维染色。当然近年学者们也在尝试用植物染料对合成纤维进行染色，如合成纤维中锦纶（尼龙）的染色性与蛋白质纤维接近，在本书第五章中也列出了部分染料对尼龙染色的产品实例（图5-13）。特别要注意的是，在织物中少量使用的氨纶丝不易染色，与其他纤维一起使用时注意防止露白现象出现。

另外，市场上有棉/羊绒、真丝/黏胶、涤/毛、真丝/麻、真丝/羊绒等各种混纺或交织织物，利用化学纤维不易染色或同一染料对不同纤维染色性质不同的特性，可以获得双色（甚至多色）织物，丰富染色织物的外观。

2. 常用纤维成分的鉴别方法

有时市场上出售的面料未标注纤维成分，不了解面料的纤维属性，染色就无从着手，因此，染色者对各种面料要有一定的鉴别能力。纤维成分的鉴别方法很多。最常见、最方便的方法是感官鉴别法、燃烧法，它们不需要设备，但需要有一定实践经验。

（1）感官鉴别法

感官鉴别法不用任何仪器，主要靠鉴别者的目光、手感来鉴别，其准确度具有很大的局限性。因此该方法只能用于纤维成分的初步辨别。

棉织物：棉纤维细而短，其织物光泽柔和、外观朴素，手感柔软但不光滑，坯布布面还有棉籽屑等细小杂质。

麻织物：麻纤维粗、硬，故其织物手感大多挺而爽。本色色泽发黄，易起皱。

真丝织物：蚕丝纤细、手感柔软，光泽明亮、柔和，织物外观高雅、华丽，大多轻薄飘逸。

毛织物：毛纤维比棉纤维粗且长，手感丰满、富有弹性。

其制成的精纺呢绒呢面光洁平整，织纹清晰，光泽柔和，柔韧而富有弹性。粗纺呢绒呢面丰厚，有温暖感。

黏胶织物：光泽亮丽，手感柔软，悬垂，湿强大大低于干强。

涤纶织物：手感挺爽，强力大，弹性较好，不易变形，水洗快干。

锦纶织物：比涤纶织物柔软、轻便、弹性好，但比涤纶织物易变形、易起皱。

腈纶织物：手感蓬松，伸缩性好，类似毛织物，比毛织物轻便、水洗快干。

含氨纶织物：氨纶丝具有非常大的弹力，易于辨别。

（2）燃烧鉴别法

燃烧法是最常用、最简便、较准确的纤维定性鉴别方法，它依据纤维接近火焰、在火焰中和离开火焰时所表现出的物理、化学现象及燃烧气味、燃烧残余物性状、颜色等鉴别纤维，表2-3为常见纤维的燃烧特征。

表2-3 常见纤维的燃烧特征

纤维名称	燃烧状态			燃烧时的气味	燃烧后的灰烬
	接近火焰	在火焰中	离开火焰后		
棉、麻、黏胶纤维	不熔，不缩	迅速燃烧	续燃较快	烧纸气味	少量灰白色灰烬
蚕丝、羊毛	收缩	逐渐燃烧	不易延燃	烧羽毛臭味	呈黑色小球，一捏即碎
锦纶	熔缩	燃烧，有熔体滴下	续燃	氨味、芹菜味	玻璃状黑褐色硬球
涤纶	熔缩	燃烧，有熔体滴下	续燃	特殊芳香甜味	玻璃状黑褐色硬球
腈纶	收缩，微熔	熔融燃烧、有发光小火花	续燃	辛辣味	黑色不规则小球可碾碎

（二）不同状态的染色材料

在染色过程中，纺织品可以以散纤维、纱线和织物等不同形态进行染色。其中，织物染色应用最广，包括各种纯纺、混纺或交织的机织物和针织物。纱线染色主要用于纱线制品和色织物所用纱线的染色，其应用也比较广泛。家庭散纤维染色主要用于一些具有特殊效果的纺织品，如手工制作羊毛毡。另外还有成衣染色，即对一些简单款式的服装进行染色，由于其具有适合小批量生产、交货迅速、可快速适应市场的变化、产品具有良好的服用性能等特点，而引起人们的重视。

1. 纱线染色

纱线染色后可编织成毛衣、帽子、围巾、杯垫等各种产品，也可以将纱线染成不同的颜色，进行色织产品的设计。纱线染色后进行编织，可以充分利用原料，不会造成原料的浪费，且比织物染色更透彻、不易出现染色不匀现象。

纱线有粗特纱、中特纱、细特纱和特细特纱的不同，细特、特细特纱制成的面料手感柔软、细腻，光泽亮、布面光滑、平整，档次高，更适合采用植物染料染色。

纱线还有捻度大小、捻向的不同。随着纱线捻度的增加，其紧密度增大、手感变硬，不利于染料的渗透。因此结构疏松的毛纱更易于染色，针织纱比机织纱捻度小，易染色。

纱线的卷装形式很多，有筒子纱、团线、绞纱等多种（图2-11）。筒子纱直接染色需要专门的设备，在小批量加工中不易实现。在缺少专门的染色设备情况下，通常将纱线绕成绞纱，这样染色均匀、透彻，不易染花，但染色完成后，需将绞纱再绕成团纱或筒子纱，以便下一步的加

①筒子纱

②团纱

③缕纱

图 2-11　常见纱线卷装形式

工。缕纱染色过程容易出现纠缠、塌陷等现象，所以在染色前要注意纱线头尾的打结方式、不同部位的固定等，以防染色后无法退绕。

2. 织物染色

纱线可加工成机织物或针织物，如棉织物可加工成平布、府绸、灯芯绒等机织物，也可以加工成汗布、棉毛布、绒布等棉针织布，不同的织造方式将获得不同的结构特点。其中针织产品结构松，更有利于染料渗透，因此更适合做染色材料。机织和针织物可素织、可提花，提花机（或针）织物即使染素色，也可得到特殊的纹样效果（图 2-12）。

织物有厚薄、克重上的不同，如棉织物克重大多为 50 ~ 250g/m²，100g/m² 以下的属轻薄型织物，宜作夏令服装；120 ~ 200g/m² 的属中厚型织物，宜作春秋季服装；250g/m² 以上的属厚重型织物，适宜作秋冬季产品。染色时染料上染到织物上，织物越重所需的染料越多，计算染料用量时根据染色材料的重量来确定。

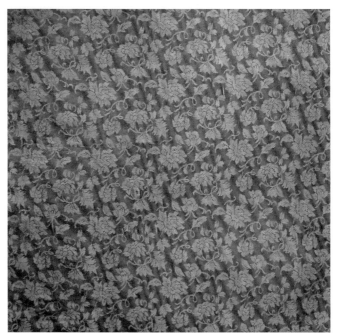

图 2-12　提花丝绸及单色染色效果

织物结构紧密度不同，对于紧密、厚实织物，染料不易渗透，常常会出现"白芯"现象，疏松、轻薄的织物对染色效果有利。

织物染色是最常用的一种方式，染色后的织物用于制作服装、服饰产品、床上用品等。而且织物染色，较容易实施扎染、泼染、吊染等特殊染色技巧。另外市场上的面料大多是混纺或交织面料，利用不同纤维染色性能不同、所需要的染料和工艺也各不相同，因此可以使不同材料具有不同的颜色或不同的光泽，以丰富视觉效果。

3. 成衣染色

成衣染色方法可用于成衣、衣片及头巾、手帕等服装服饰产品。成衣染色的优点是图案能在服装上准确定位，材料浪费较少，但要求成衣或成品款式简单，如羊毛围巾、真丝方巾、T恤衫，甚至袜子、手帕、帽子等。结构比较复杂的服装，染色渗透性不佳，尤其衣片连接缝合处不易透染；另外还要注意服装辅料的上染效果，如缝纫线等（图2-13、图2-14）。

（三）待染材料的准备

不同的待染材料自身含有不同的天然杂质，同时在纺织加工过程中有可能粘附浆料和油污等，这些物质的存在将会使染色成品出现色斑和染色不匀的现象。基于此，材料染色前需要经过预处理，以充分发挥纤维的优良品质，并使纤维具有良好的渗透性能，满足染色需要。

对于染色爱好者而言，可以从市场上购买成品漂白布或从购货商处购买已做过前处理的半漂布。后者在使用前用洗涤剂进行预洗待用即可。若所购置的染色材料未经过前处理或成品漂白布，则可采用下述方法进行处理。

未经前处理的棉、麻半成品织物，在织造时一般都进行了上浆处理，且棉、麻织物自身含有蜡状物质、果胶、木质素、灰分等天然杂质，这些杂质的存在将显著降低棉、麻织物的吸水性，进而影响染色效果和色牢度。因此有必要对棉、麻织物进行预处理。

针对颜色很黄、杂质较多、手感僵硬的半成品棉、麻织

图 2-13　围巾

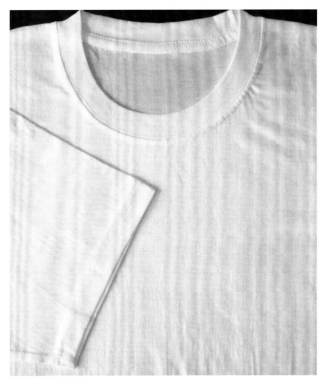

图 2-14　T恤衫

物（或纱线），可以采用以下方法处理，以便脱除杂质、浆料，使手感柔软、吸水性和白度得以改善。

每100g织物（或纱线）需2～3g烧碱（氢氧化钠），先将烧碱溶于2～3L水中（浴比为1：20～1：30），将织物（或纱线）在温水中浸湿并挤去水分后，投入到碱液中，升温至沸腾并保持沸煮60～90min，最后取出，依次用热水、冷水冲洗干净，晾干待用。如果没有烧碱，也可用苏打，每100g织物（或纱线）配5～10g苏打（碳酸钠）。

在市场上购买的成品，往往在后整理过程中添加了柔软剂或荧光增白剂等，这些物质在染色前必须去除，否则会影响染色效果，所以棉、麻成品可以采取以下简易方法进行处理。每100g织物（或纱线）配3～5g洗衣粉，溶于2～3L水中（浴比为1：20～1：30），将织物（或纱线）投入溶液中浸泡2h左右，再将其沸煮0.5～1h后取出，冷却后用清水洗净即可。

若要获得鲜艳的染色效果，则要求织物（或纱线）洁白。棉、麻织物常采用过氧化氢、次氯酸钠、亚氯酸钠等漂白剂进行处理，丝、毛织物可采用过氧化氢、过硼酸钠、保险粉等进行漂白。家庭中，染色爱好者可采用过氧化氢或84消毒液（含次氯酸钠）进行简单处理。

（1）84消毒液

专门用于棉、麻织物的漂白。原液按照1：20的比例兑水（半桶水倒入4盖84消毒液），浸泡30min后用清水洗净。若气味很重就放在白醋水里泡一下，再用清水清洗。

（2）棉、麻织物（或纱线）的过氧化氢漂白

处理100g织物（或纱线）时，量取15mL过氧化氢（通常购置的过氧化氢浓度为30%）置于2～3L水中，同时可加入约15g硅酸钠作为氧漂稳定剂，用氢氧化钠将pH值调到10.5～11后，投入织物，升温到90℃并保温60min，取出织物（或纱线），室温水洗，晾干待用。

（3）丝、毛织物（或纱线）的过氧化氢漂白

每100g织物需加3mL过氧化氢，先将过氧化氢稀释于水（水为织物重的20~30倍）中，另外加少量氨水使溶液带弱碱性，在室温下浸泡5h，最后冲洗干净即可。

（4）丝、毛织物（或纱线）的过硼酸钠漂白

每100g织物需加过硼酸钠5～10g，先将过硼酸钠用温水调开，加水至1L，然后将已在清水中浸泡了10min的织物（或纱线）投入过硼酸钠溶液，缓慢加热到60～70℃，浸泡1h左右后取出，用清水洗干净，再经浓度为5g/L的醋酸溶液浸泡10min，最后冲洗干净。

若染色爱好者希望对旧衣物进行改染，需注意：对原有颜色进行漂白；后染颜色应比原有颜色深。

温馨提示：

① 切记不要使用任何含硫、柔顺剂、荧光增白剂或其他助剂的肥皂，否则会影响后续的染色。

② 配制烧碱溶液时，切记不可用手直接接触烧碱固体或烧碱溶液，更不能使用厨房烹饪用锅。

③ 处理过程中，一定要经常搅拌衣物，否则会造成处理不均匀。

④ 预洗好的待染材料保持潮湿待用或晾干，潮湿状态下不宜存贮太长时间，以免材料发霉。晾干后的材料在投入染液前需要重新润湿。

第三节 植物染料的染色步骤与操作

一、色素染料对羊毛、蚕丝纱线或织物的染色方法与步骤

以栀子黄色素对羊毛纱线的染色为例。

1. 染色工艺与配方

直接染色工艺：

栀子黄	5%（o.w.f.）
pH 值	6.5（原液）
染色温度	85℃
染色时间	60min
浴比	1∶50
毛纱	xg

硫酸铝钾媒染剂固色（后媒法）工艺：

硫酸铝钾（明矾）	5%（o.w.f.）
pH 值	5~6
媒染温度	60℃
媒染时间	45min
浴比	1∶50
毛纱	xg

2. 染色步骤

染色步骤如图 2-15 所示。

①称量毛纱。

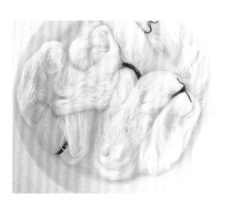
②先将缕纱在不同部位固定（图中红线），在盆中用温水充分润湿，取出挤干。

③将毛纱投入到图 2-10 中配置好的浓染液经稀释得到所需浓度的染液中开始染色。

图 2-15

④ 20min 内升温到 85℃后保温 1h。染色过程中应不断搅拌。

⑤称量明矾，用少量温水溶解。

温馨提示：

①随着 pH 值的变化，植物染料的颜色可能会发生变化，因此，在染色后皂洗时，注意洗涤剂的酸碱性，尽量使用中性皂液。

②羊毛需高温染色，蚕丝可适当降低温度。

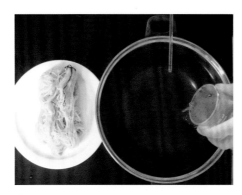

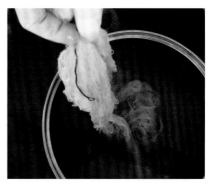

⑥取出染过色的织物，降温后加入溶解了的媒染剂。用醋酸调媒染液的 pH 值。

⑦将染过色的毛纱投入媒染液中固色，温度保持到 60℃并保温 45min，固色过程注意搅拌。

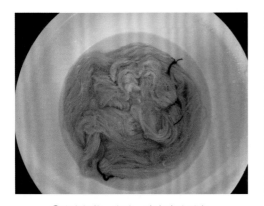

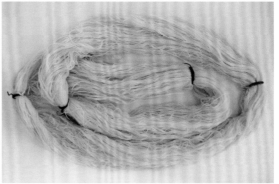

⑧取出织物，皂洗、清水清洗干净。

⑨晾干后的栀子黄染色毛纱。

图 2-15 栀子黄色素对羊毛纱线的染色过程

回归自然：
植物染料染色设计与工艺

二、中草药染料对棉、麻织物的染色方法与步骤

采用铜媒染剂以苏木染苎麻围巾为例。

1. 染色工艺与配方

直接染色工艺：

苏木料液比	1:20 ～ 1:50
pH 值	6~6.5（原液）
染色温度	80℃
染色时间	60min
浴比	1:50
苎麻围巾	x g

硫酸铜媒染剂固色（后媒法）工艺：

硫酸铜	3%（o.w.f.）
pH 值	5~6
媒染温度	60℃
媒染时间	45min
浴比	1:50
苎麻围巾	xg

2. 染色步骤

染色步骤如图 2-16 所示。

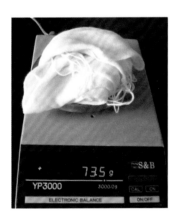

①称量围巾，并记录结果。

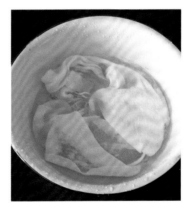

②温水润湿浸泡围巾，若围巾较脏或沾有油渍，可加入少许洗涤剂，然后挤干。

③将围巾投入前述图 2-7 中配置好的、一定体积的染液中开始染色，染液浓度根据需要调整。

④在 30min 内染液升温到 80℃，并保温 60min。
注意：染色过程中应不断搅拌。

图 2-16

⑤取出染过色的围巾，使染液降温。

⑥配制并添加媒染剂：称量硫酸铜，用温水溶解后加到染液中。用醋酸调节染液的 pH 值。

⑦将染过色的织物投入到加了媒染剂的染液中开始固色。

⑧升温到 60℃并保温 45min，固色过程注意搅拌。

⑨媒染时间到，取出围巾，用清水彻底清洗。

⑩清洗时，如有必要可加入少许皂粉或中性洗涤剂。

⑪染好的围巾。

图 2-16　苏木染苎麻围巾的过程

三、特殊染料对羊毛、蚕丝织物的染色方法与步骤

以紫甘蓝染真丝乔其纱（明矾媒染）为例，染色方法与步骤如图 2-17 所示。

①将待染乔其纱称重并润湿。

②将其投入前述图 2-8 中提取的一定量的染液浴中。

③低温下（40℃）染色 60min。

④将被染乔其纱取出，添加媒染剂明矾。

⑤继续低温染色 45min。

⑥染色后清洗，如有必要可加入少许皂粉或中性洗涤剂。

⑦染色后的乔其纱成品。

温馨提示：

①紫甘蓝中的花青素不耐高温，需要在较低温度下进行染色，这样染出的颜色艳丽，不发污。

②除以上所提到的条件，其他染色条件同前。

图 2-17 紫甘蓝对真丝乔其纱面料的染色过程

本书所选择的植物染料以资源丰富易得、成本低廉、环保为原则。大多数植物染料都有一定的药用价值，可用于中草药，本书中所选择的染料以较廉价的中草药为主，不选择名贵中草药。从环保角度出发，笔者更推荐生活中的废弃物，如洋葱皮、石榴皮、葡萄皮等，还有自然界中每天开花却每天凋谢的牵牛花，而不选择具有很强观赏价值的名贵花卉。

　　就植物染料的色相而言，目前尚存在色谱不全的问题。为了丰富植物染料的色彩，一方面从自然界中筛选含有各种色素的植物，挖掘一些新型染料。另一方面当同种植物染料使用不同的媒染剂时，往往会使被染纤维呈现不同的色相，因此可通过改变媒染剂种类补充植物染料的色相。此外，复染、套染也可以改变成品色相，这方面的内容将在本章第三节进行阐述。

第三章

常用植物染料及其色相

第一节　各色系常见植物染料及其染色效果

笔者针对多种植物染料（本节中列出了近三十种）进行了多种媒染剂（本节中列出了铜离子、铁离子、亚铁离子、铝离子四种媒染剂）的染色，对棉花、（细）羊毛或羊绒、（桑）蚕丝、苎麻四种材料的染色色相进行了总结归类，以供染色爱好者参考。植物染料的色相以黄色最为丰富，此外红色、棕色、蓝色、紫色、黑色等色系在自然界中亦存在。本节以染料直接染得色对其进行色相分类。

一、黄色系

1. 栀子（Gardenia，图3-1）

茜草科，栀子属，常绿小乔木或灌木，别称为黄栀子、山栀，学名 Gardenia jasminoides Ellis。其果实为传统中药，具有护肝、利胆、降压、镇静、止血、消肿等作用。栀子产于长江流域，分布在我国中部及中南部。

① 栀子花

② 栀子果

③ 栀子黄色素

图 3-1　栀子

栀子是秦汉以来运用广泛的黄色植物染料。东汉学者应劭著有《汉官仪》，专门介绍汉代典章制度，云："染园出芝茜，供染御服。"这里的"芝"就是"栀子"。栀子染色用果实，内含栀子黄色素，其成分主要包括藏花素、藏花酸、栀子苷，以及黄酮类化合物。栀子黄色素中的藏花素是一种不多见的水溶性类胡萝卜素，它既是一种着色剂，也是营养剂，易溶于水和稀乙醇。栀子黄色素水溶液显弱酸性或中性，色相几乎不受 pH 值影响，但在酸性条件下色调更黄，在中性或碱性液中耐光和耐热性得到提高。栀子黄色素不仅可染纤维，还可用于饮料及酒类配制、糕点等

食物的着色，不仅是天然黄色染材，也是香料的原料。

染色爱好者可从市场上购买栀子黄色素（图3-1③），也可从药店、菜市场购买栀子果实切碎，用水浸渍、揉搓、沸煮制成黄色溶液，反复煎煮 2~3 次，混合、过滤用于染色。

栀子黄色素属于直接性染料，不用媒染剂也可染色，色泽艳丽，但用媒染剂媒染可提高色牢度。除铁媒染获得棕黄色外，其他媒染剂下均染得亮黄色。从图3-2中可以看出，栀子黄对各种材料染色 a 值均为正值，说明栀子黄染色色彩呈明度较高的暖黄色。栀子黄对棉、毛、丝、麻有非常好的染色效果，色牢度中等，对蚕丝、羊毛的染色色牢度大大

优于棉、麻纤维。栀子黄和靛蓝套染获得绿色。

栀子黄染色色相如图 3-2 所示。

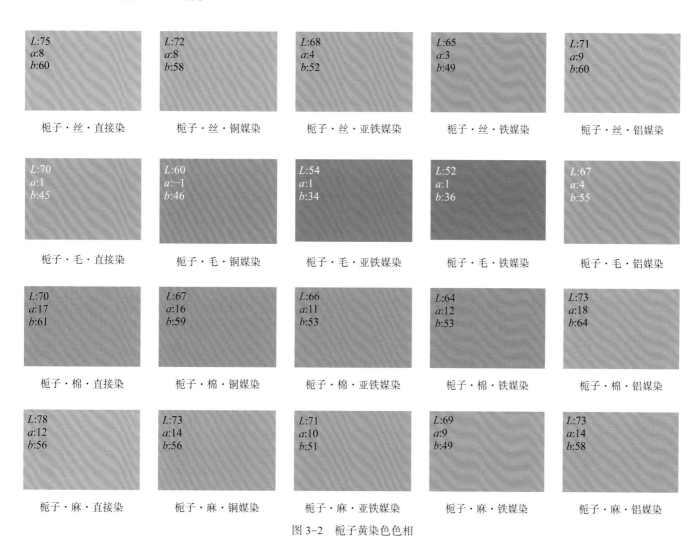

L:75
a:8
b:60

栀子·丝·直接染

L:72
a:8
b:58

栀子·丝·铜媒染

L:68
a:4
b:52

栀子·丝·亚铁媒染

L:65
a:3
b:49

栀子·丝·铁媒染

L:71
a:9
b:60

栀子·丝·铝媒染

L:70
a:1
b:45

栀子·毛·直接染

L:60
a:−1
b:46

栀子·毛·铜媒染

L:54
a:1
b:34

栀子·毛·亚铁媒染

L:52
a:1
b:36

栀子·毛·铁媒染

L:67
a:4
b:55

栀子·毛·铝媒染

L:70
a:17
b:61

栀子·棉·直接染

L:67
a:16
b:59

栀子·棉·铜媒染

L:66
a:11
b:53

栀子·棉·亚铁媒染

L:64
a:12
b:53

栀子·棉·铁媒染

L:73
a:18
b:64

栀子·棉·铝媒染

L:78
a:12
b:56

栀子·麻·直接染

L:73
a:14
b:56

栀子·麻·铜媒染

L:71
a:10
b:51

栀子·麻·亚铁媒染

L:69
a:9
b:49

栀子·麻·铁媒染

L:73
a:14
b:58

栀子·麻·铝媒染

图 3-2　栀子黄染色色相

温馨提示：

①以"栀子·丝·直接染"为例，图 3-2 中色块下面文字表示的含义是：第一部分代表染料，如栀子、苏木、黄连等；第二部分代表被染材料，如蚕丝，本书对蚕丝、羊毛、羊绒、苎麻和棉花都进行了染色；第三部分代表染色方法，如直接染方法即不使用媒染剂，媒染法中包括铜、铁（三价）、亚铁（二价）和铝离子四种媒染剂。以下表示方法及含义相同。

②图 3-2 中色块左上角标注的是 CM3600 分光光度计测色仪准确测量得到的色相 Lab 值。

2. 姜黄（Turmeric，图3-3）

姜黄为姜科植物姜黄的根茎，别名毛姜黄，学名 *Curcuma longa L.*，分布于亚洲东南部，我国主要集中于南部及西南部。姜黄具有抗皮肤真菌、抗病毒和消炎作用，是中国较早利用的药材。

姜黄也是一种传统的天然染料，其主要成分是姜黄素，具有强烈的辛香味。姜黄素是一种取自姜黄根茎中的色素，呈橙黄色晶体，属于酚类衍生物（二酮类物质），几乎不溶于水或乙醚，可溶于酒精、冰醋酸及碱溶液中。姜黄素在不同的 pH 值下，色相变化较大，遇碱呈红棕色，遇酸则呈现亮黄色。由于姜黄可以防虫杀菌，非常适合做妇女、儿童内衣及床上用品。

染色爱好者可以从药店购置晒干的姜黄。称取一定量的姜黄将其粉碎，然后投入水中（姜黄和水的比例可以控制在 1∶20 ~ 1∶40 之间），加入少量氢氧化钠以提高姜黄的溶解度，在一定的温度下浸泡一定时间（如 80℃浸泡 60min），姜黄可煎煮两次。黄色的日晒色牢度稍差，可以反复染多次，或用作红花、洋葱染色前的底染物。

姜黄是最常用的黄色染料之一，可以直接染色，也可媒染。直接染获得亮黄色，铁媒染获得棕红色。对棉、毛、丝、麻、羊绒均有优异的染色效果，图 3-4 中羊绒即使在低温下也可获得良好的染色效果，羊毛因高温染色获得的颜色虽深但略显暗淡。

①姜黄植物　　②姜黄根　　③姜黄片

图 3-3　姜黄

姜黄染色色相如图 3-4 所示。

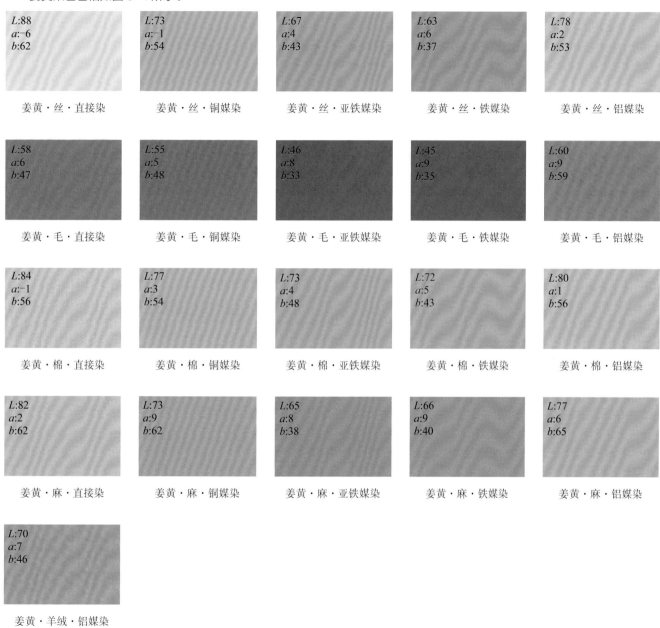

L:88 a:-6 b:62	L:73 a:-1 b:54	L:67 a:4 b:43	L:63 a:6 b:37	L:78 a:2 b:53
姜黄·丝·直接染	姜黄·丝·铜媒染	姜黄·丝·亚铁媒染	姜黄·丝·铁媒染	姜黄·丝·铝媒染
L:58 a:6 b:47	L:55 a:5 b:48	L:46 a:8 b:33	L:45 a:9 b:35	L:60 a:9 b:59
姜黄·毛·直接染	姜黄·毛·铜媒染	姜黄·毛·亚铁媒染	姜黄·毛·铁媒染	姜黄·毛·铝媒染
L:84 a:-1 b:56	L:77 a:3 b:54	L:73 a:4 b:48	L:72 a:5 b:43	L:80 a:1 b:56
姜黄·棉·直接染	姜黄·棉·铜媒染	姜黄·棉·亚铁媒染	姜黄·棉·铁媒染	姜黄·棉·铝媒染
L:82 a:2 b:62	L:73 a:9 b:62	L:65 a:8 b:38	L:66 a:9 b:40	L:77 a:6 b:65
姜黄·麻·直接染	姜黄·麻·铜媒染	姜黄·麻·亚铁媒染	姜黄·麻·铁媒染	姜黄·麻·铝媒染
L:70 a:7 b:46				
姜黄·羊绒·铝媒染				

图 3-4　姜黄染色色相

温馨提示：

　　羊毛鳞片在 50 ～ 60℃以上才能被打开，故染色温度需 70 ～ 80℃以上的高温。

3. 黄洋葱（Onion，图 3-5）

图 3-5　黄洋葱与黄洋葱皮

葱科，多年生草本植物，又名葱头，学名 *Allium Capa L.*，有甘味洋葱和辛味洋葱两类，为老百姓饭桌上的大宗蔬菜之一。原产于中亚细亚、伊朗、巴基斯坦一带，现全世界均有栽种。因洋葱具有刺激性辛味，有驱虫的功效，含有大量的维生素 A、C、B 及钙、磷、铁等微量元素，具有很强的杀菌能力。平日可以从菜市场收集被丢弃的洋葱外皮，质轻、干燥好保存。

黄洋葱外皮中含有大量黄色素，可做黄色染料，即使不用媒染剂，也可染出浓艳的色泽。制备染液时，洋葱皮可重复煎煮 2 ~ 3 次，将几次提取液混合后进行染色，若要颜色淡些可减小料液比（如 1：40）。黄洋葱肉亦可用于染色，只是与外皮中的色素含量相比，肉中的色素含量明显降低，如果想染得浓艳的颜色，可以采用稍大的料液比（如 1：10 甚至 1：5）。

黄洋葱皮染色色相如图 3-6 所示。

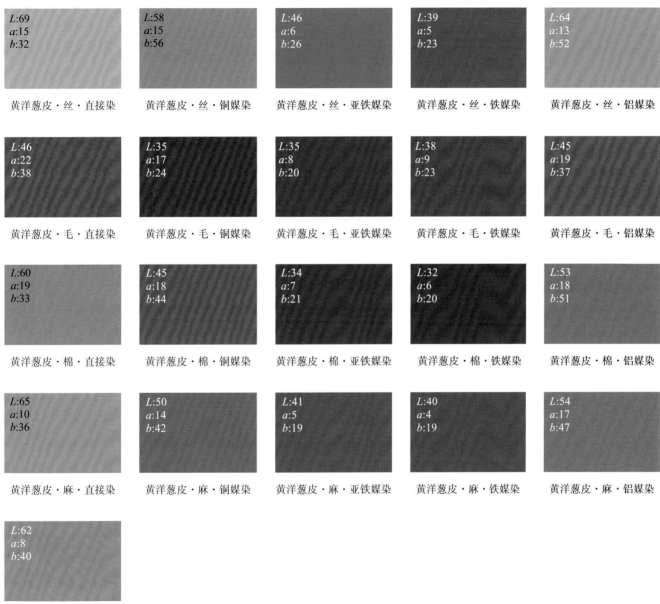

L:69
a:15
b:32

黄洋葱皮·丝·直接染

L:58
a:15
b:56

黄洋葱皮·丝·铜媒染

L:46
a:6
b:26

黄洋葱皮·丝·亚铁媒染

L:39
a:5
b:23

黄洋葱皮·丝·铁媒染

L:64
a:13
b:52

黄洋葱皮·丝·铝媒染

L:46
a:22
b:38

黄洋葱皮·毛·直接染

L:35
a:17
b:24

黄洋葱皮·毛·铜媒染

L:35
a:8
b:20

黄洋葱皮·毛·亚铁媒染

L:38
a:9
b:23

黄洋葱皮·毛·铁媒染

L:45
a:19
b:37

黄洋葱皮·毛·铝媒染

L:60
a:19
b:33

黄洋葱皮·棉·直接染

L:45
a:18
b:44

黄洋葱皮·棉·铜媒染

L:34
a:7
b:21

黄洋葱皮·棉·亚铁媒染

L:32
a:6
b:20

黄洋葱皮·棉·铁媒染

L:53
a:18
b:51

黄洋葱皮·棉·铝媒染

L:65
a:10
b:36

黄洋葱皮·麻·直接染

L:50
a:14
b:42

黄洋葱皮·麻·铜媒染

L:41
a:5
b:19

黄洋葱皮·麻·亚铁媒染

L:40
a:4
b:19

黄洋葱皮·麻·铁媒染

L:54
a:17
b:47

黄洋葱皮·麻·铝媒染

L:62
a:8
b:40

黄洋葱皮·羊绒·铝媒染

图 3-6 黄洋葱皮染色色相（料液比 1 ： 20 ）

黄洋葱肉染色色相如图 3-7 所示。

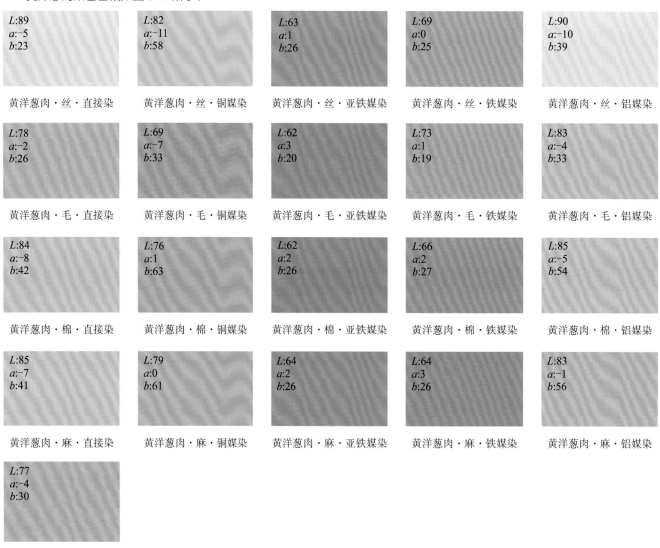

L:89 a:-5 b:23	L:82 a:-11 b:58	L:63 a:1 b:26	L:69 a:0 b:25	L:90 a:-10 b:39
黄洋葱肉·丝·直接染	黄洋葱肉·丝·铜媒染	黄洋葱肉·丝·亚铁媒染	黄洋葱肉·丝·铁媒染	黄洋葱肉·丝·铝媒染
L:78 a:-2 b:26	L:69 a:-7 b:33	L:62 a:3 b:20	L:73 a:1 b:19	L:83 a:-4 b:33
黄洋葱肉·毛·直接染	黄洋葱肉·毛·铜媒染	黄洋葱肉·毛·亚铁媒染	黄洋葱肉·毛·铁媒染	黄洋葱肉·毛·铝媒染
L:84 a:-8 b:42	L:76 a:1 b:63	L:62 a:2 b:26	L:66 a:2 b:27	L:85 a:-5 b:54
黄洋葱肉·棉·直接染	黄洋葱肉·棉·铜媒染	黄洋葱肉·棉·亚铁媒染	黄洋葱肉·棉·铁媒染	黄洋葱肉·棉·铝媒染
L:85 a:-7 b:41	L:79 a:0 b:61	L:64 a:2 b:26	L:64 a:3 b:26	L:83 a:-1 b:56
黄洋葱肉·麻·直接染	黄洋葱肉·麻·铜媒染	黄洋葱肉·麻·亚铁媒染	黄洋葱肉·麻·铁媒染	黄洋葱肉·麻·铝媒染

L:77
a:-4
b:30

黄洋葱肉·羊绒·铝媒染

图 3-7 黄洋葱肉染色色相（料液比 1：10）

　　黄洋葱皮对棉、麻、毛、丝织物都有极佳的染色效果，即使在低温下也能很好的上染，尤其表现出对棉织物的优异性能。而且不同媒染剂下的色相变化较大，呈现从黄色到棕褐色的颜色变化。黄洋葱肉的染色效果更加吸引人，不加媒染剂的直接染获得淡黄色，在媒染剂的作用下可获得多变的色相，铜媒染剂染出亮丽的黄绿色，铁媒染剂染出棕黄色，铝媒染剂可染出亮丽的黄色。洋葱是一种价廉、健康的绿色食品，是非常值得推荐的健康食品，希望人们在广泛食用洋葱的同时，也为洋葱皮在织物染色上的应用提供丰富的原料来源，这种对植物资源的充分利用正是环境保护的具体实践行动。

4．黄柏（Amur cork-tree，图 3-8）

芸香科落叶乔木，又名黄檗、黄木，学名 *Phellodendron Amurense Rupr.*，生长于中国北方，是中国传统的染材，也是重要的药材。黄柏树皮气微香，有苦味，因含有小檗碱可染黄色，并具有抗菌、防虫作用，古时候不仅用来染妇女、儿童的贴身衣物，还用于染需长久保存的经书和账簿等。染色爱好者可从药店购买黄柏进行染色尝试。

黄柏染色色相如图 3-9 所示。

图 3-8　黄柏

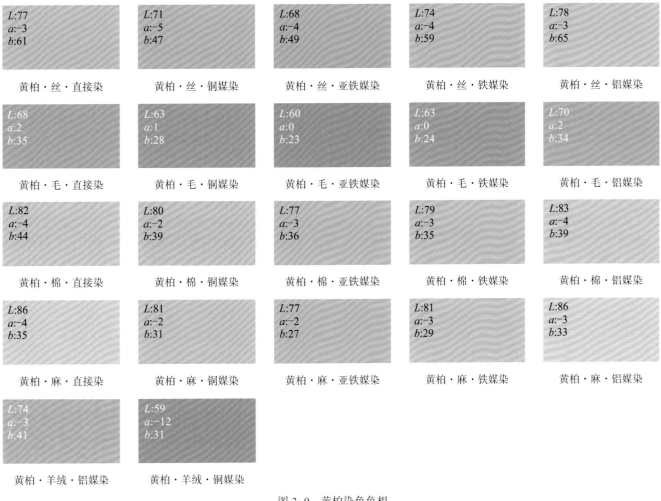

L:77 a:-3 b:61	L:71 a:-5 b:47	L:68 a:-4 b:49	L:74 a:-4 b:59	L:78 a:-3 b:65
黄柏·丝·直接染	黄柏·丝·铜媒染	黄柏·丝·亚铁媒染	黄柏·丝·铁媒染	黄柏·丝·铝媒染
L:68 a:2 b:35	L:63 a:1 b:28	L:60 a:0 b:23	L:63 a:0 b:24	L:70 a:2 b:34
黄柏·毛·直接染	黄柏·毛·铜媒染	黄柏·毛·亚铁媒染	黄柏·毛·铁媒染	黄柏·毛·铝媒染
L:82 a:-4 b:44	L:80 a:-2 b:39	L:77 a:-3 b:36	L:79 a:-3 b:35	L:83 a:-4 b:39
黄柏·棉·直接染	黄柏·棉·铜媒染	黄柏·棉·亚铁媒染	黄柏·棉·铁媒染	黄柏·棉·铝媒染
L:86 a:-4 b:35	L:81 a:-2 b:31	L:77 a:-2 b:27	L:81 a:-3 b:29	L:86 a:-3 b:33
黄柏·麻·直接染	黄柏·麻·铜媒染	黄柏·麻·亚铁媒染	黄柏·麻·铁媒染	黄柏·麻·铝媒染
L:74 a:-3 b:41	L:59 a:-12 b:31			
黄柏·羊绒·铝媒染	黄柏·羊绒·铜媒染			

图 3-9　黄柏染色色相

黄柏不必媒染就可染出鲜黄色，尤其在蚕丝上直接染可获得明黄色。黄柏在各种媒染剂下的染色均呈冷黄色，a 值为负值，属天然黄色染料中为数不多的冷色调。尤其在铜、铁媒染剂的作用下获得带绿色调的黄色。在麻织物上的染色较淡，色相几乎没有变化。黄柏与靛蓝套染，可获得各种绿色系。

5. 石榴（Pomegranate，图 3-10）

图 3-10　石榴果及石榴皮

　　石榴科，落叶灌木或乔木，学名 *Punica Granatum L.*，其果肉质半透明、多汁，富含柠檬酸，既解渴又能消除疲劳，其皮具有涩肠止泻、杀虫、收敛止血之功效。石榴是人类引种栽培最早的果树和花木之一。现在中国、印度及亚洲、非洲、欧洲沿海地中海各地，均作为果树栽培，尤以非洲为多。

　　石榴皮含有的化学成分为鞣质、石榴皮碱、异石榴皮碱、N-甲基异石榴皮、没食子酸、苹果酸、甘露醇、糖等。石榴皮中含有鞣花酸类的天然色素物质，故民间早有用其煮水染布的记录。

　　染色爱好者可以自行收集石榴皮，晒干收藏，或者到药店购买药用石榴皮。将收集或购买的石榴皮粉碎，用水泡软，加热煎煮。色素提取时，加入适量小苏打，在碱性水中提取效果更好。

石榴皮（中草药）染色色相如图 3-11 所示。

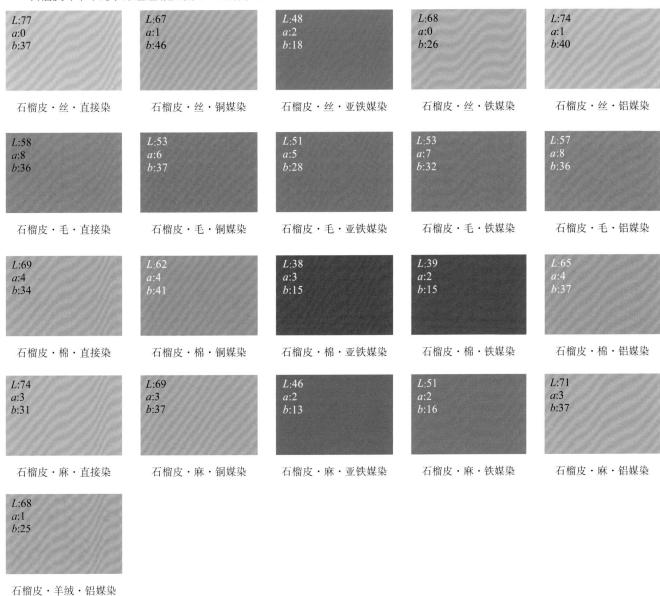

L:77 a:0 b:37	L:67 a:1 b:46	L:48 a:2 b:18	L:68 a:0 b:26	L:74 a:1 b:40
石榴皮·丝·直接染	石榴皮·丝·铜媒染	石榴皮·丝·亚铁媒染	石榴皮·丝·铁媒染	石榴皮·丝·铝媒染
L:58 a:8 b:36	L:53 a:6 b:37	L:51 a:5 b:28	L:53 a:7 b:32	L:57 a:8 b:36
石榴皮·毛·直接染	石榴皮·毛·铜媒染	石榴皮·毛·亚铁媒染	石榴皮·毛·铁媒染	石榴皮·毛·铝媒染
L:69 a:4 b:34	L:62 a:4 b:41	L:38 a:3 b:15	L:39 a:2 b:15	L:65 a:4 b:37
石榴皮·棉·直接染	石榴皮·棉·铜媒染	石榴皮·棉·亚铁媒染	石榴皮·棉·铁媒染	石榴皮·棉·铝媒染
L:74 a:3 b:31	L:69 a:3 b:37	L:46 a:2 b:13	L:51 a:2 b:16	L:71 a:3 b:37
石榴皮·麻·直接染	石榴皮·麻·铜媒染	石榴皮·麻·亚铁媒染	石榴皮·麻·铁媒染	石榴皮·麻·铝媒染
L:68 a:1 b:25				
石榴皮·羊绒·铝媒染				

图 3-11　石榴皮染色色相

　　石榴皮直接染即可获得土黄色相的良好染色效果，铁媒染剂下获得棕褐色。石榴皮既可高温染、又可低温染，高温染色上色效果更佳，但色相稍显暗淡（见图 3-11 中羊毛染色色相），低温下色泽纯正（见图 3-11 中的丝、麻及棉三种材料的染色色相）。

6. 黄连（Rhizoma coptidis，图 3-12）

毛茛科多年生草本植物，别名川连、姜连、川黄连、姜黄连等，学名 *Coptis Chinensis Franch.*，地下根茎可药用及做染材。黄连是中国传统的黄色染材之一，同时，也是非常重要的中药材，其根茎含多种生物碱，主要是小檗碱，有清热燥湿，泻火解毒之功效。我国主要产地为四川、湖北等地。

黄连染色色相如图 3-13 所示。

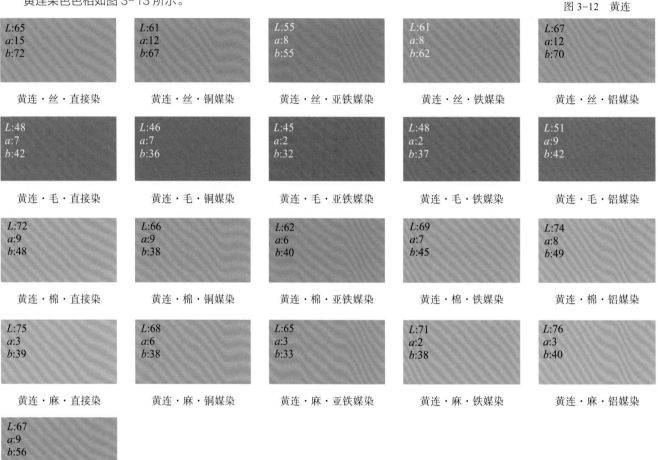

图 3-12　黄连

L:65 a:15 b:72	L:61 a:12 b:67	L:55 a:8 b:55	L:61 a:8 b:62	L:67 a:12 b:70
黄连·丝·直接染	黄连·丝·铜媒染	黄连·丝·亚铁媒染	黄连·丝·铁媒染	黄连·丝·铝媒染
L:48 a:7 b:42	L:46 a:7 b:36	L:45 a:2 b:32	L:48 a:2 b:37	L:51 a:9 b:42
黄连·毛·直接染	黄连·毛·铜媒染	黄连·毛·亚铁媒染	黄连·毛·铁媒染	黄连·毛·铝媒染
L:72 a:9 b:48	L:66 a:9 b:38	L:62 a:6 b:40	L:69 a:7 b:45	L:74 a:8 b:49
黄连·棉·直接染	黄连·棉·铜媒染	黄连·棉·亚铁媒染	黄连·棉·铁媒染	黄连·棉·铝媒染
L:75 a:3 b:39	L:68 a:6 b:38	L:65 a:3 b:33	L:71 a:2 b:38	L:76 a:3 b:40
黄连·麻·直接染	黄连·麻·铜媒染	黄连·麻·亚铁媒染	黄连·麻·铁媒染	黄连·麻·铝媒染
L:67 a:9 b:56				
黄连·羊绒·铝媒染				

图 3-13　黄连染色色相

黄连无媒染可得鲜艳的黄色，特别是对蚕丝染色可获得浓郁的金黄色，与光亮的绉缎相配合，金光闪闪，光芒四射，尽管黄连价格稍高，但其在蚕丝上的黄色却是与众不同的。棉、麻织物染色后，色泽朴实、敦厚；羊毛在高温下染色，色相变得更加浓重；棉、毛、丝、麻均有良好的染色效果。

回归自然·植物染料染色设计与工艺

7. 大黄（Rhubarb，图 3-14）

大黄是多种蓼科大黄属的多年生草本植物的总称，学名 *Rheum Palmatum L.*，又名火参、蜀大黄、牛舌大黄、生军、川军等。在中国，"大黄"多指马蹄大黄，以药用为主，具有攻积滞、清湿热、泻火、凉血、祛瘀、解毒等功效。主要分布于陕西、甘肃、青海、四川、云南及西藏等地区。大黄的主要成分是大黄素、大黄酚和大黄酸，此外还含有大黄鞣酸及其相关物质，其中大黄素和大黄酸是抗菌的有效成分。大黄所含鞣质具有极好的抗氧化作用。大黄因含有大黄素而呈黄色，大黄色素属于蒽醌类化合物。

大黄染色色相如 3-15 所示。

图 3-14　大黄

L:72 a:3 b:58	L:68 a:4 b:55	L:60 a:-1 b:43	L:65 a:0 b:51	L:71 a:4 b:58
大黄·丝·直接染	大黄·丝·铜媒染	大黄·丝·亚铁媒染	大黄·丝·铁媒染	大黄·丝·铝媒染
L:72 a:8 b:56	L:67 a:8 b:56	L:66 a:6 b:58	L:64 a:4 b:51	L:71 a:9 b:63
大黄·毛·直接染	大黄·毛·铜媒染	大黄·毛·亚铁媒染	大黄·毛·铁媒染	大黄·毛·铝媒染
L:68 a:7 b:24	L:61 a:8 b:24	L:55 a:3 b:14	L:60 a:3 b:23	L:68 a:5 b:28
大黄·棉·直接染	大黄·棉·铜媒染	大黄·棉·亚铁媒染	大黄·棉·铁媒染	大黄·棉·铝媒染
L:76 a:6 b:26	L:66 a:7 b:27	L:60 a:3 b:18	L:65 a:4 b:22	L:71 a:6 b:29
大黄·麻·直接染	大黄·麻·铜媒染	大黄·麻·亚铁媒染	大黄·麻·铁媒染	大黄·麻·铝媒染

图 3-15　大黄染色色相

大黄对蚕丝上染效果最好，直接染便可获得鲜黄色，色相与红花黄非常接近，比红花黄稍显暗淡。大黄在低温下就可对羊毛进行染色，色泽浓艳、纯正。棉、麻上染色相与蛋白质纤维相比差异较大，黄光减弱、色相呈棕黄色。不同媒染剂下的染色色相，除了铁媒染剂稍暗一些，其他差异不大。

8. 黄栌（Smoke tree，图 3-16）

漆树科，黄栌属，亦作"黄芦木"，别名"红树叶""黄道栌"，学名 *Cotinus Coggygria Scop.*，落叶灌木或小乔木，木材黄色，分布于北温带。黄栌的药用价值很广泛，其根、木材及叶均可入药，木材中含有的化学成分能够清热解毒，同时还能消炎消肿、止疼。

木材中含硫黄菊素及其葡萄糖甙，又含杨梅树皮素及没食子酸等鞣质成分。染色爱好者可以从药店购买黄栌木，采用水煮法提取黄栌色素。称取一定质量的黄栌木材，粉碎后加入一定量蒸馏水（黄栌和水的比例可以控制在 1：50 ~ 1：100），室温浸泡 6 ~ 8h 后，水煮、过滤得到染液。

黄栌色素需在媒染剂的帮助下上染，在铜、铝媒染剂下得到榴黄色，在铁媒染剂下得到灰黄色。高温下蚕丝、羊毛上染效果提高。料液比从 1：100 增加到 1：50，布面颜色不断加深。

黄栌染色色相如图 3-17 所示。

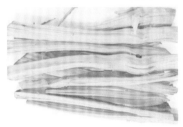

图 3-16　黄栌树与黄栌木

L:73
a:6
b:26

黄栌·丝·直接染

L:40
a:19
b:34

黄栌·丝·铜媒染

L:35
a:1
b:14

黄栌·丝·亚铁媒染

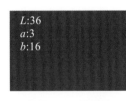

L:36
a:3
b:16

黄栌·丝·铁媒染

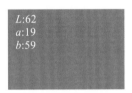

L:62
a:19
b:59

黄栌·丝·铝媒染

L:58
a:7
b:29

黄栌·毛·直接染

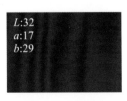

L:32
a:17
b:29

黄栌·毛·铜媒染

L:17
a:2
b:7

黄栌·毛·亚铁媒染

L:29
a:4
b:14

黄栌·毛·铁媒染

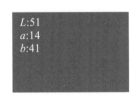

L:51
a:14
b:41

黄栌·毛·铝媒染

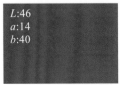

L:40
a:13
b:37

黄栌·毛·铝媒染（1：50）

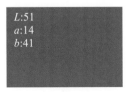

L:46
a:14
b:40

黄栌·毛·铝媒染（1：80）

L:51
a:14
b:41

黄栌·毛·铝媒染（1：100）

图 3-17　黄栌染色色相

温馨提示：

　　黄栌·毛·铝媒染（1：50）括号内为料液比，以下同。

9. 槐花（Flos sophorae / Sophora flower，图 3-18）

①黄槐花（中草药）

②黄槐米

③紫槐花

图 3-18　槐花

豆科，槐属，落叶乔木，学名：*Sophora Japonica L.*，槐树的花朵及花蕾，开放的花朵称为"槐花"，花蕾则称为"槐米"，具有凉血止血，清肝泻火的功能，也是古代珍贵的黄色植物染料之一。槐树在不少国家都有，尤其在亚洲。在中国北部较为集中，北自辽宁，南至广东、台湾，东自山东，西至甘肃、四川、云南。常见华北平原及黄土高原海拔1000 米高地带均能生长。

槐花富含芸香苷（芸香苷是芦丁的俗称，又名槐黄素）、槲皮素、鞣质，为色彩艳丽的黄色染料。槐黄素难溶于冷水，但可溶于热水和酒精中。明代宋应星著《天工开物》中，记述了槐花作为黄色染料的染色技法，内容翔实，方法成熟。为满足染色的需求，采用似红花花饼的做法，将花蕾收集于箩筐中，用水至沸，滤干制饼，以供染用。已开放的槐花朵，逐渐转黄摘取，经晒干，加少许石灰拌和，收备用。

槐米染黄出现在唐代以后，明代继续发展，为色彩明亮、牢度优良的黄色染料。黄槐花直接染颜色稍浅，铝媒染颜色亮丽，铜媒染得到金黄色，铁媒染得到棕黄色，因此用不同的媒染剂得到不同色系的黄色。槐花对棉、麻、毛、丝均有良好的染色效果，对蛋白质纤维的染色效果优于纤维素纤维。

槐米的染色效果优于槐花。槐花染得的黄色，比栀子黄偏冷，且比栀子黄耐日晒。经槐花染得的黄色织物，再与蓝草套染，可染得艳丽的宫绿和油绿色织物，十分名贵。有条件的染色爱好者不妨试一下紫槐花的染色色相。

黄色槐花染色色相如图 3-19 所示。

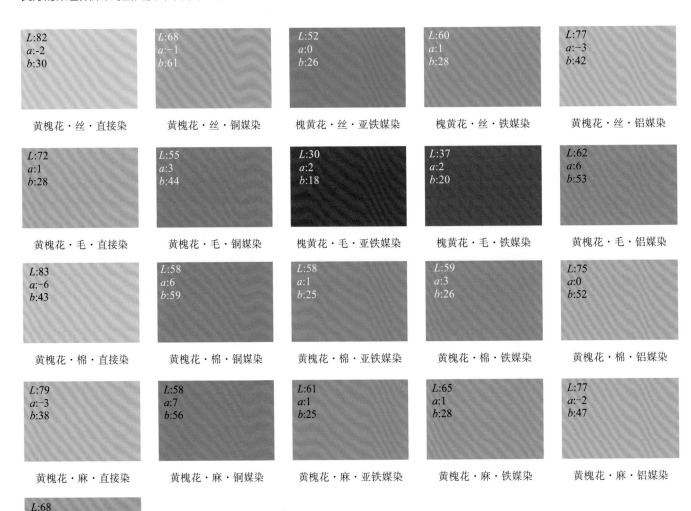

L:82 a:-2 b:30	L:68 a:-1 b:61	L:52 a:0 b:26	L:60 a:1 b:28	L:77 a:-3 b:42
黄槐花·丝·直接染	黄槐花·丝·铜媒染	槐黄花·丝·亚铁媒染	槐黄花·丝·铁媒染	黄槐花·丝·铝媒染
L:72 a:1 b:28	L:55 a:3 b:44	L:30 a:2 b:18	L:37 a:2 b:20	L:62 a:6 b:53
黄槐花·毛·直接染	黄槐花·毛·铜媒染	槐黄花·毛·亚铁媒染	槐黄花·毛·铁媒染	黄槐花·毛·铝媒染
L:83 a:-6 b:43	L:58 a:6 b:59	L:58 a:1 b:25	L:59 a:3 b:26	L:75 a:0 b:52
黄槐花·棉·直接染	黄槐花·棉·铜媒染	黄槐花·棉·亚铁媒染	黄槐花·棉·铁媒染	黄槐花·棉·铝媒染
L:79 a:-3 b:38	L:58 a:7 b:56	L:61 a:1 b:25	L:65 a:1 b:28	L:77 a:-2 b:47
黄槐花·麻·直接染	黄槐花·麻·铜媒染	黄槐花·麻·亚铁媒染	黄槐花·麻·铁媒染	黄槐花·麻·铝媒染
L:68 a:0 b:46				
黄槐花·羊绒·铝媒染				

图 3-19　黄槐花染色色相

10. 柘木（Elm wood，图 3-20）

桑科植物柘树的木材，柘木又名桑柘木，学名 *Cudrania tricuspidata (Carr.) Bur ex Lavallée.*，落叶灌木或小乔木，为我国历史上名贵木料，除染料外，曾用于弓材、入药、高档硬木器具等。柘树广泛分布在华南、华东、西南，以及河北以南地区。

用柘木汁液染得赤黄色，又称柘黄或赭黄，自隋唐以来为帝王的服色，而且是中国古代很长一段时间内皇帝服装的专用色。明李时珍《本草纲目·木三·柘》："其木染黄赤色，谓之柘黄，天子所服"。柘黄在古文献中经常出现。文献报道柘木全株中含有黄酮、生物碱及多糖等多种成分，其中槲皮素、三羟基二氢异黄酮等均有可能是染料成分。专家推测，制作柘木弓时废弃的大量柘木屑，一定会引起染匠的注意，从而取之试着染色。

柘木染出赭黄色，其色为土地之色，为"五方正色"中央，非常高贵，故为皇家御用之色彩。

柘木染色色相如图 3-21 所示。

图 3-20　柘木

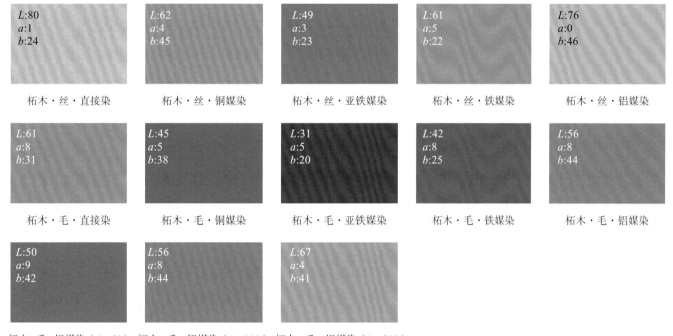

L:80 a:1 b:24	L:62 a:4 b:45	L:49 a:3 b:23	L:61 a:5 b:22	L:76 a:0 b:46
柘木·丝·直接染	柘木·丝·铜媒染	柘木·丝·亚铁媒染	柘木·丝·铁媒染	柘木·丝·铝媒染
L:61 a:8 b:31	L:45 a:5 b:38	L:31 a:5 b:20	L:42 a:8 b:25	L:56 a:8 b:44
柘木·毛·直接染	柘木·毛·铜媒染	柘木·毛·亚铁媒染	柘木·毛·铁媒染	柘木·毛·铝媒染
L:50 a:9 b:42	L:56 a:8 b:44	L:67 a:4 b:41		
柘木·毛·铝媒染（1：50）	柘木·毛·铝媒染（1：100）	柘木·毛·铝媒染（1：200）		

图 3-21　柘木染色色相

温馨提示：

自然界可用于染黄色的材料很多，这里不一一列出，如笔者曾尝试过的荷叶、山楂叶等都可染出黄色，荷叶染出的黄色较山楂叶明亮。

二、红色系

1. 红花（Safflower，图 3-22）

菊科，红花属，一年或二年生草本植物，又名红蓝草、草红花、刺红花及红花草，学名 *Carthamus tinctorius L.*。红花原产于埃及，在巴基斯坦和印度的栽培历史也很长，目前国内各地均有栽种。《本草纲目》描述红花具有活血、润燥、止痛、散肿、通经等功效。

红花色素存在于红花的花瓣中，有红花红素及红花黄素两种色素，因此可以染出红色与黄色两种色相。红花红素溶于碱而不溶于酸和冷水中，红花黄素溶于酸和水而不溶于碱中，红花染料的提取及染色工艺技术均基于此进行。我国古代用于制备胭脂的就是红花红素。

红花色素染液的制备：

①先将一定量散红花洗净加到水中（料液比 1：10 ～ 1：20）（可以加少量醋酸），浸泡 2 ～ 3h，过滤即可得到红花黄色素。如此反复进行 2 ～ 3 次，让黄色素完全溢出。

②再将分离出黄色素的红花挤干，加入到一定量 40 ～ 50℃的温水中，加入约 10g/L 浓度的碳酸钠溶液，反复揉搓红花，待水液呈茶色时，表示已抽出红色素。30min 后过滤，如此反复进行 2 ～ 3 次。染色时，在红色素染液中加醋酸至弱酸性，即可染红色。

图 3-22 红花植物及其花瓣

红花红染色色相如图 3-23 所示。

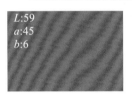

L:59
a:45
b:6

红花·丝·直接染

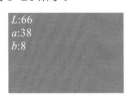

L:66
a:38
b:8

红花·棉·直接染

L:74
a:22
b:14

红花·麻·直接染

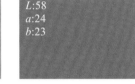

L:58
a:24
b:23

红花·毛·直接染

（料液比 1：20）

L:74
a:33
b:10

红花·丝·直接染·1 遍

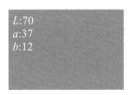

L:70
a:37
b:12

红花·丝·直接染·2 遍

L:66
a:39
b:13

红花·丝·直接染·3 遍

L:63
a:43
b:14

红花·丝·直接染·4 遍

（料液比 1：80）

图 3-23 红花红染色色相

回归自然 植物染料染色设计与工艺

红花黄染色色相如图 3-24 所示。

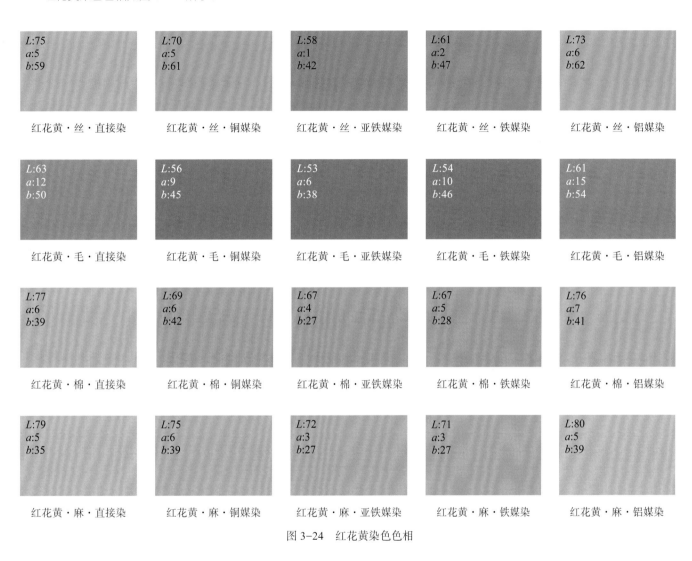

<table>
<tr><td>L:75
a:5
b:59</td><td>L:70
a:5
b:61</td><td>L:58
a:1
b:42</td><td>L:61
a:2
b:47</td><td>L:73
a:6
b:62</td></tr>
<tr><td>红花黄·丝·直接染</td><td>红花黄·丝·铜媒染</td><td>红花黄·丝·亚铁媒染</td><td>红花黄·丝·铁媒染</td><td>红花黄·丝·铝媒染</td></tr>
</table>

红花黄·丝·直接染　红花黄·丝·铜媒染　红花黄·丝·亚铁媒染　红花黄·丝·铁媒染　红花黄·丝·铝媒染

L:63 a:12 b:50　L:56 a:9 b:45　L:53 a:6 b:38　L:54 a:10 b:46　L:61 a:15 b:54

红花黄·毛·直接染　红花黄·毛·铜媒染　红花黄·毛·亚铁媒染　红花黄·毛·铁媒染　红花黄·毛·铝媒染

L:77 a:6 b:39　L:69 a:6 b:42　L:67 a:4 b:27　L:67 a:5 b:28　L:76 a:7 b:41

红花黄·棉·直接染　红花黄·棉·铜媒染　红花黄·棉·亚铁媒染　红花黄·棉·铁媒染　红花黄·棉·铝媒染

L:79 a:5 b:35　L:75 a:6 b:39　L:72 a:3 b:27　L:71 a:3 b:27　L:80 a:5 b:39

红花黄·麻·直接染　红花黄·麻·铜媒染　红花黄·麻·亚铁媒染　红花黄·麻·铁媒染　红花黄·麻·铝媒染

图 3-24　红花黄染色色相

红花红的色相艳丽、纯正，在红色染料中非常独特，在棉布和蚕丝上均可染成"真红"色，在苎麻上染得粉红色。红花红色素染色时不需要加媒染剂，直接染即可，在铝媒染剂下反而使其褪色。红花染得的红色衣物，不要在碱性条件下洗涤，以免褪色。

红花黄色素与其他黄色素染料的染色没有差异，蚕丝的染色效果最好，直接染可获得与黄连相似的鲜黄色，铁媒染剂下呈黄绿色调，棉、麻色泽朴素、自然，接近肉色。红花黄色素日晒牢度不佳。

2. 苏木（Sappan wood，Red wood，图3-25）

图 3-25　苏木

苏木科，苏木属植物，别名苏枋、苏方、苏枋木、苏方木等，学名 *Caesalpinia Sappan L.*。苏木具有行血祛瘀，消肿止痛的功能。苏木原产东南亚及我国岭南地区，大约在魏唐之际引入中原地区。

苏木内含苏木红素，是我国古代著名的红色系染料。苏木与不同的媒染剂作用，可染出不同的色彩，自古以来就作为染料广泛使用，称为"苏枋色"，如用氧化铬为媒染剂可染成黑色，称之为苏木黑。

染色爱好者可从药店购置苏木，其传统的提取方法是沸水或乙醇浸取。如称取一定量干苏木，洗净、粉碎，加入一定量的蒸馏水（料液比 1：20 ～ 1：40），室温浸泡 8 ～ 10h，加热煮沸，过滤，得到染液。重复上述操作两遍，将两次液体混合并过滤，作为染液备用。提取色素时，可以加入碳酸钠以提高色素的溶解性。

苏木（料液比 1：20）染色色相如图 3-26 所示。

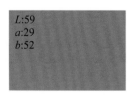

L:59
a:29
b:52

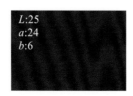

L:25
a:24
b:6

L:27
a:10
b:-2

L:28
a:8
b:1

L:42
a:39
b:15

苏木·丝·直接染　　　　苏木·丝·铜媒染　　　　苏木·丝·亚铁媒染　　　　苏木·丝·铁媒染　　　　苏木·丝·铝媒染

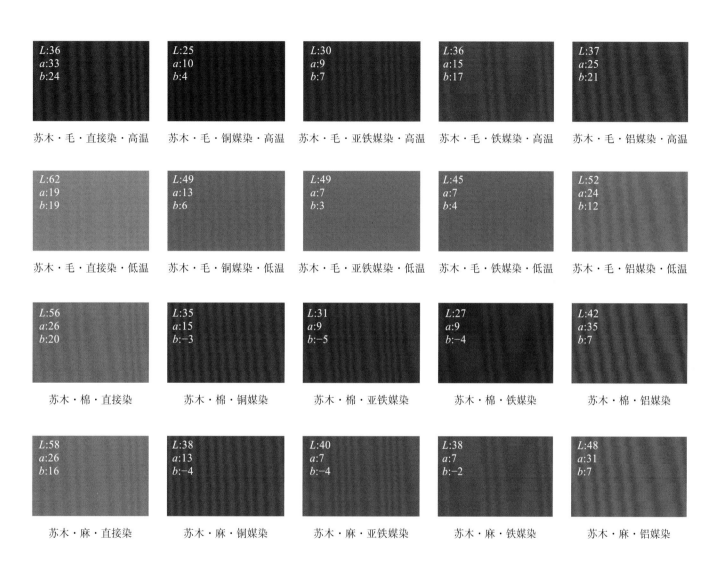

L:36 a:33 b:24	L:25 a:10 b:4	L:30 a:9 b:7	L:36 a:15 b:17	L:37 a:25 b:21
苏木·毛·直接染·高温	苏木·毛·铜媒染·高温	苏木·毛·亚铁媒染·高温	苏木·毛·铁媒染·高温	苏木·毛·铝媒染·高温
L:62 a:19 b:19	L:49 a:13 b:6	L:49 a:7 b:3	L:45 a:7 b:4	L:52 a:24 b:12
苏木·毛·直接染·低温	苏木·毛·铜媒染·低温	苏木·毛·亚铁媒染·低温	苏木·毛·铁媒染·低温	苏木·毛·铝媒染·低温
L:56 a:26 b:20	L:35 a:15 b:-3	L:31 a:9 b:-5	L:27 a:9 b:-4	L:42 a:35 b:7
苏木·棉·直接染	苏木·棉·铜媒染	苏木·棉·亚铁媒染	苏木·棉·铁媒染	苏木·棉·铝媒染
L:58 a:26 b:16	L:38 a:13 b:-4	L:40 a:7 b:-4	L:38 a:7 b:-2	L:48 a:31 b:7
苏木·麻·直接染	苏木·麻·铜媒染	苏木·麻·亚铁媒染	苏木·麻·铁媒染	苏木·麻·铝媒染

L:46
a:23
b:11

苏木·羊绒·铝媒染

图 3-26　苏木染色色相（料液比 1∶20）

苏木（料液比 1 : 40）染色色相如图 3-27 所示。

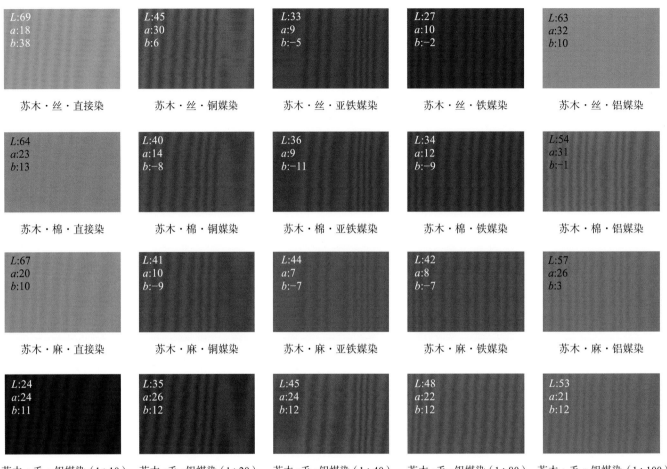

L:69 a:18 b:38	L:45 a:30 b:6	L:33 a:9 b:-5	L:27 a:10 b:-2	L:63 a:32 b:10
苏木·丝·直接染	苏木·丝·铜媒染	苏木·丝·亚铁媒染	苏木·丝·铁媒染	苏木·丝·铝媒染
L:64 a:23 b:13	L:40 a:14 b:-8	L:36 a:9 b:-11	L:34 a:12 b:-9	L:54 a:31 b:-1
苏木·棉·直接染	苏木·棉·铜媒染	苏木·棉·亚铁媒染	苏木·棉·铁媒染	苏木·棉·铝媒染
L:67 a:20 b:10	L:41 a:10 b:-9	L:44 a:7 b:-7	L:42 a:8 b:-7	L:57 a:26 b:3
苏木·麻·直接染	苏木·麻·铜媒染	苏木·麻·亚铁媒染	苏木·麻·铁媒染	苏木·麻·铝媒染
L:24 a:24 b:11	L:35 a:26 b:12	L:45 a:24 b:12	L:48 a:22 b:12	L:53 a:21 b:12
苏木·毛·铝媒染（1:10）	苏木·毛·铝媒染（1:20）	苏木·毛·铝媒染（1:40）	苏木·毛·铝媒染（1:80）	苏木·毛·铝媒染（1:100）

图 3-27　苏木染色色相（未标注的料液比 1 : 40）

苏木在不同的媒染剂下染色，色相变化极大。直接染可获得橘黄或橘红色，铝媒染下获得玫红色，铜媒染下获得紫色、紫红色，铁媒染下获得紫黑色。对棉、麻、毛、丝都有极好的染色效果。因苏木色素含量丰富，可降低染液提取时的料液比，获得浅淡一些的效果，但料液比不宜过低。图 3-26 与图 3-27 是不同料液下时的色相比较。图 3-26 中还进行了羊毛在高、低温下染色色相比较，低温下羊毛染色明度较高。

温馨提示：

"苏木·毛·直接染·低温""苏木·毛·直接染·高温"中的"低温""高温"分别代表不同的染色温度。

3. 茜草（Madder root，图3-28）

图 3-28 茜草植物及茜草根

茜草科，多年生攀援草本植物，别名蒨草、血见愁、地苏木、活血丹、染绯草、红根草等，学名 *Rubia Cordifolia L.*，我国大部分地区均有分布。茜草具有凉血止血、活血化瘀、抗氧化、抗炎、抗肿瘤、免疫调节之功效。

茜草是商周时期就已广泛使用的红色植物染料，《诗经》中多处提到茜草及其所染服装。茜草的种类很多，主要有东洋茜、西洋茜、印度茜三种，其染出的色相并不一样。在中国使用的茜草属于东洋茜，染出的色相偏橙色，红色的感觉稍低。茜草的主要色素成分是茜素、紫茜素（羟基茜草素）和伪紫茜素，以前两者为主。

茜素（Alizarin），学名 1，2- 二羟基蒽醌，又名茜草素，属于蒽醌类物质，外观为橘红色晶体或褐黄色粉末。紫茜素又名羟基茜草素（Purpurin），学名为 1，2，4- 三羟基蒽醌，又名吡啉、紫茜素和红紫素等，也是一种蒽醌类化合物，属茜素的衍生物，外观为红色结晶粉末，具有抗菌、抗炎的作用，药用价值大。伪紫茜素（Pseudo Purpurin），学名 1，3，4- 三羟基 -9，10- 蒽醌 -2- 羧酸。此外，茜草植物中还含有大叶茜草素（Mollugin），一种醌类化合物，外观为浅黄色片状结晶，药用价值大，非色素有效成分。

茜草染液的制备可采用水煮法。称取捣碎的茜草，加水浸泡 24h 后，加热煮沸、煎熬。煎煮时，加入苏打使染液呈弱碱性。重复上述操作两次，将两次液体混合并过滤，作为染液备用。

茜草染色色相如图 3-29 所示。

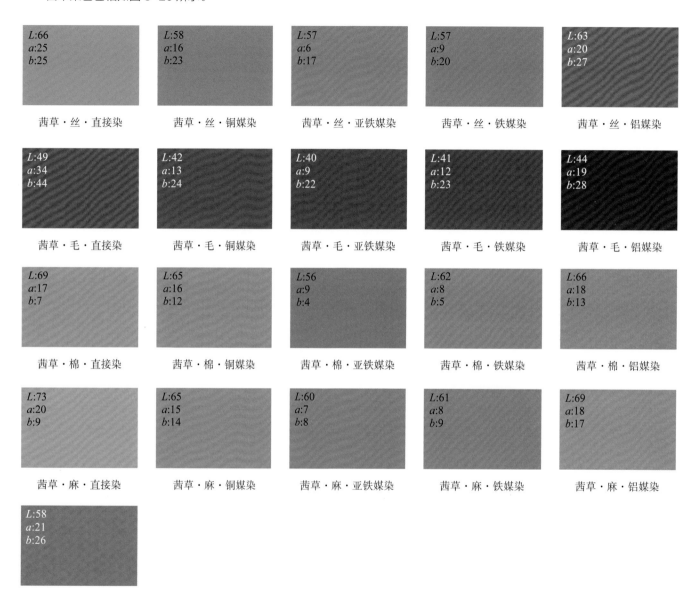

L:66 *a*:25 *b*:25	*L*:58 *a*:16 *b*:23	*L*:57 *a*:6 *b*:17	*L*:57 *a*:9 *b*:20	*L*:63 *a*:20 *b*:27
茜草·丝·直接染	茜草·丝·铜媒染	茜草·丝·亚铁媒染	茜草·丝·铁媒染	茜草·丝·铝媒染
L:49 *a*:34 *b*:44	*L*:42 *a*:13 *b*:24	*L*:40 *a*:9 *b*:22	*L*:41 *a*:12 *b*:23	*L*:44 *a*:19 *b*:28
茜草·毛·直接染	茜草·毛·铜媒染	茜草·毛·亚铁媒染	茜草·毛·铁媒染	茜草·毛·铝媒染
L:69 *a*:17 *b*:7	*L*:65 *a*:16 *b*:12	*L*:56 *a*:9 *b*:4	*L*:62 *a*:8 *b*:5	*L*:66 *a*:18 *b*:13
茜草·棉·直接染	茜草·棉·铜媒染	茜草·棉·亚铁媒染	茜草·棉·铁媒染	茜草·棉·铝媒染
L:73 *a*:20 *b*:9	*L*:65 *a*:15 *b*:14	*L*:60 *a*:7 *b*:8	*L*:61 *a*:8 *b*:9	*L*:69 *a*:18 *b*:17
茜草·麻·直接染	茜草·麻·铜媒染	茜草·麻·亚铁媒染	茜草·麻·铁媒染	茜草·麻·铝媒染
L:58 *a*:21 *b*:26				
茜草·羊绒·铝媒染				

图 3-29 茜草染色色相

茜草是典型的媒染染料，铝盐媒染可获得粉红色或橙红色，用铜盐、铁盐等媒染可使颜色向紫红、红褐色变化。低温染颜色鲜艳，高温时颜色偏深、偏暗。

4. 高粱红（Sorghum red pigment，图 3-30）

高粱，禾本科，高粱属，1 年生草本植物，学名 *Sorghum bicolor*（*L.*）*Moench*，是我国最早栽培的禾谷类作物之一。在我国广泛栽培，以东北各地为最多。

高粱红色素存在于高粱壳、籽皮、秆中，为典型的黄酮类化合物，有一定的营养价值，可溶于水、乙醇，广泛用于食品工业，亦可用于染色。高粱红色素以禾本科植物高粱外果皮为原料，用水或稀乙醇水溶液浸提、过滤、浓缩、干燥而制成。

染色爱好者可以从市场上购置高粱红色素配制染液，也可以采用水煮法提取高粱红色素。如称取一定量的高粱壳浸于水中（料液比为 1∶20），并加入 10g/L 左右的苏打，煮沸 2h，过滤得到染液，可重复煮两次，即得染液。高粱红染蚕丝、羊毛、羊绒、尼龙、棉、麻得红色，特别是蚕丝染色得亮红色，色牢度在 3 级以上。在无媒染剂的情况下上色较浅，不同的媒染剂下颜色色相变化不大，其中铝媒染后色泽纯正。

 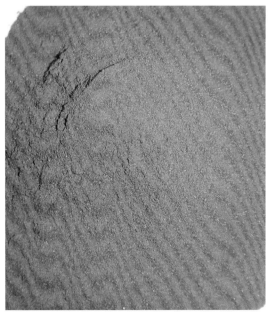

图 3-30　高粱及高粱红色素

高粱红（色素）染色色相如图 3-31 所示。

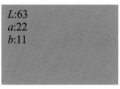
L:63
a:22
b:11

高粱红·丝·直接染

L:48
a:32
b:15

高粱红·丝·铜媒染

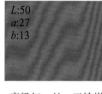
L:50
a:27
b:13

高粱红·丝·亚铁媒染

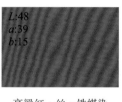
L:48
a:39
b:15

高粱红·丝·铁媒染

L:49
a:42
b:17

高粱红·丝·铝媒染

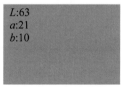
L:63
a:21
b:10

高粱红·棉·直接染

L:58
a:22
b:15

高粱红·棉·铜媒染

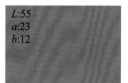
L:55
a:23
b:12

高粱红·棉·亚铁媒染

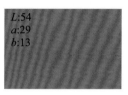
L:54
a:29
b:13

高粱红·棉·铁媒染

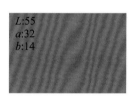
L:55
a:32
b:14

高粱红·棉·铝媒染

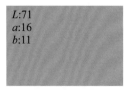
L:71
a:16
b:11

高粱红·麻·直接染

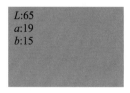
L:65
a:19
b:15

高粱红·麻·铜媒染

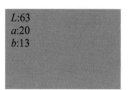
L:63
a:20
b:13

高粱红·麻·亚铁媒染

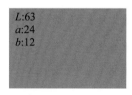
L:63
a:24
b:12

高粱红·麻·铁媒染

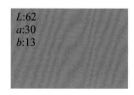
L:62
a:30
b:13

高粱红·麻·铝媒染

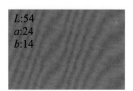
L:54
a:24
b:14

高粱红·羊绒·铝媒染

图 3-31　高粱红染色色相

三、蓝色系

1. 蓝草（Indigo plants，图 3-32）

蓝草是一种有着 3000 多年历史的植物染料，学名 *Polygonum tinctorium L.*（蓼蓝），是植物染料中应用最早、使用最广的一种。战国时期荀况的千古名句"青，取之于蓝而青于蓝"就源于当时的染蓝技术。这里的"青"是指青色，"蓝"则指制取靛蓝的蓝草。在秦汉以前，蓝草的应用已经相当普遍。蓝草经发酵提炼出靛蓝染料（Indigo），含有靛蓝的植物主要有蓼蓝、菘蓝、马蓝和木蓝。明代李时珍在《本草纲目》中云："凡蓝五种，茶蓝、蓼蓝、马蓝、吴蓝、苋蓝"。后人总结为四类：菘蓝，十字花科，又名茶蓝、大青叶，二年生草本植物，适应性较强，能耐寒，比较适合在北方种植，所以也被称为"北板蓝根"，明代之前广泛使用；蓼蓝，蓼亚科，一年生的草本植物，蓼蓝史称吴蓝，蓼蓝小叶者，俗名苋蓝；马蓝，爵床科，板蓝属草本植物，多年生；木蓝，豆科，木蓝属，又名冬蓝、槐蓝。蓝草生长于亚洲、非洲等地，我国的四川、贵州、云南、江苏、浙江、福建、台湾等地都有种植。

各种蓝草都有药用价值。蓝草中的菘蓝（根）就是板蓝根，有清热、解毒、消炎的功效。李时珍的《本草纲目》中说，"蓝凡五种，辛苦、寒、无毒""止血、杀虫、治噎膈"。中国少数民族地区喜好靛蓝染的织物，也是因为其对于刺挂、草割引起的皮肤伤痛以及虫咬、烂疮等皮肤病可起到消炎止痒的作用。

蓝草中所含靛蓝，是一种特殊的还原染料，在中国的古籍中早有记载。《诗经》中有明确的采摘记载，北魏贾思勰所著《齐民要术·种蓝》一书中记载了世界上最早制蓝靛的主要工艺操作。本书第二章详细介绍了人工制靛过程。通过制靛技术，使得蓝草的使用不再受季节限制，一年四季均可使用。

通常说的靛蓝染料，泛指来自于蓝草的植物靛蓝和人工的合成靛蓝，本书仅指植物靛蓝。靛蓝染料中并非只含有靛蓝一种有效成分，通常含有靛蓝、靛玉红、靛红三个主要成分，三者均为吲哚类化合物，可相互转化，靛红可由靛白或靛蓝经氧化而制得，靛玉红是靛红的衍生物，同时靛玉红与靛蓝为同分异构体。

靛蓝使用前，还需要发酵还原过程，即染液的准备过程。首先在染缸中放入靛泥，逐渐加入石灰水浆，配成染液，再分多次加入米酒或酒糟（存放时间越长越好）使其发酵，反复搅拌，使靛蓝还原成靛白溶于碱性染液中。发酵数日后，若缸中液体冒出浓厚黏稠的泡沫，液体的颜色呈黄绿色（因靛白为淡黄色），染液即制成。

染色时先将待染织物漂洗干净，拧干后放入染缸中染色，根据季节不同与织物厚重程度可适当加热（40℃以下），捞出后透风待靛白氧化完全、布面颜色不再加深时再浸渍，

①菘蓝植物

②蓼蓝植物

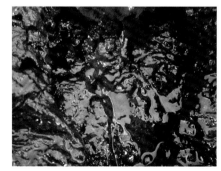

③蓝靛泥

图 3-32　蓝草及蓝靛泥

再捞出透风。如此反复多次后，将织物捞出洗去靛渣，然后将织物晒干。这样一次染色过程就结束了。有时染色过程要重复多次，就能得到较深、较牢的蓝青色。蓝靛染出的色相，民间有毛蓝、深蓝、冬、月白、中白、白、灰七色的叫法。蓝靛色泽浓艳，朴素优雅，千百年来一直受到人们的喜爱。

需要注意的是染液内的乳酸不可积聚太多，否则会影响酵母菌等微生物的生存和繁殖，影响发酵还原的顺利进行，甚至使染液败坏。因此，对于棉、麻纤维的染色，靛蓝的发酵还原染液内必须加入石灰等碱性物质，以中和乳酸并使靛白溶解。当然石灰用量也不宜过高，否则也会妨碍酵母菌的繁殖，影响发酵还原的顺利进行。由于丝毛蛋白质纤维能吸附乳酸，因此丝、毛用靛蓝发酵染色时，染液内不加碱性物质，也可获得满意的染色效果。

靛蓝染色色相如图 3-33、图 3-34 所示。

温馨提示：

①靛蓝染料属于还原性染料，采用先还原、再氧化的方法进行染色，不需要用媒染剂，且低温染色。

②"靛蓝·丝·还原染·1遍"表示的含义是：靛蓝染料对真丝染一遍。以此类推。

L:43
a:-6
b:-22

靛蓝·丝·还原染

L:30
a:-3
b:-16

靛蓝·毛·还原染

L:44
a:-4
b:-23

靛蓝·棉·还原染

L:45
a:-5
b:-18

靛蓝·麻·还原染

图 3-33 靛蓝对不同材料的染色色相（料液比 1∶25）

L:61
a:-10
b:-17

靛蓝·丝·还原染·1遍

L:53
a:-6
b:-17

靛蓝·丝·还原染·2遍

L:52
a:-8
b:-16

靛蓝·丝·还原染·3遍

L:50
a:-8
b:-17

靛蓝·丝·还原染·4遍

L:44
a:-6
b:-18

靛蓝·丝·还原染·5遍

图 3-34 靛蓝对蚕丝的多次染色色相（料液比 1∶75）

回归自然。

植物染料染色设计与工艺

2. 栀子蓝（Gardenia blue，图3-35）

栀子蓝色素是由栀子果实用水提取的黄色素，经酶处理后生成蓝色素，其成分、性状同栀子黄。染色爱好者可从市场购置栀子蓝色素，其外观为蓝色粉末状，易溶于水、含水乙醇。栀子蓝在媒染剂的帮助下可以对棉、毛、丝、麻上染蓝色，在无媒染剂的情况下上色很淡，不同媒染剂对其色相影响不大。栀子蓝对蛋白质纤维染色能力优于纤维素纤维，但无论是对蛋白质纤维染色还是纤维素纤维染色，其效果远不如栀子黄，故要获得较深颜色，需增加染色时的染料浓度（该色素染料正常使用浓度为4%~5%o.w.f.）。栀子蓝与栀子黄混合后可染绿色，配比时注意适当增大栀子蓝的用量。

栀子蓝色素（染料浓度为5%o.w.f.）染色色相如图3-36所示。

图3-35 栀子蓝色素

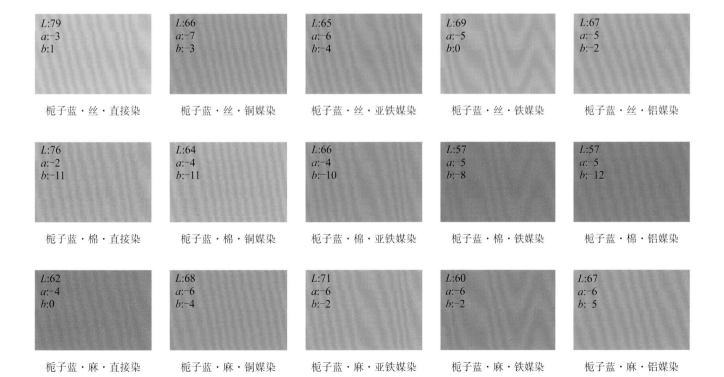

L:79 a:-3 b:1	L:66 a:-7 b:-3	L:65 a:-6 b:-4	L:69 a:-5 b:0	L:67 a:-5 b:-2
栀子蓝·丝·直接染	栀子蓝·丝·铜媒染	栀子蓝·丝·亚铁媒染	栀子蓝·丝·铁媒染	栀子蓝·丝·铝媒染
L:76 a:-2 b:-11	L:64 a:-4 b:-11	L:66 a:-4 b:-10	L:57 a:-5 b:-8	L:57 a:-5 b:-12
栀子蓝·棉·直接染	栀子蓝·棉·铜媒染	栀子蓝·棉·亚铁媒染	栀子蓝·棉·铁媒染	栀子蓝·棉·铝媒染
L:62 a:-4 b:0	L:68 a:-6 b:-4	L:71 a:-6 b:-2	L:60 a:-6 b:-2	L:67 a:-6 b:-5
栀子蓝·麻·直接染	栀子蓝·麻·铜媒染	栀子蓝·麻·亚铁媒染	栀子蓝·麻·铁媒染	栀子蓝·麻·铝媒染

图3-36 栀子蓝染色色相

四、棕褐色系

自然界有大量棕褐色系的植物染料，其中最具代表性的品种为茶叶。

1. 茶叶（Tea，图3-37）

茶叶是山茶科山茶属木本植物茶的芽叶，学名：*Camellia Sinensis（L.）O. koze*。我国拥有广阔的茶源，主要分布在福建、云南、四川、湖北、浙江、湖南、安徽、河南、贵州等省份，福建茶叶产量最大。按照发酵程度，茶叶可分为不发酵茶、半发酵茶、全发酵茶和后发酵茶。如红茶就是氧化较完全的"全发酵茶"，乌龙茶为"半发酵茶"，绿茶为"不发酵茶"，黑茶为"后发酵茶"。茶叶中含有多种化合物，如茶多酚、咖啡因、氨基酸、胡萝卜素、叶绿素、皂角等。茶氨酸是茶叶的特征氨基酸，相关研究结果表明：茶叶不仅具有缓解人体紧张、消除疲劳、增进思维的功能，还具有明显的降压功效，是日常生活中必备的健身饮料。

茶色素是茶叶中的重要化学成分之一，因此茶叶也是植物染料的一种，特别是用于仿旧、仿古效果极佳。茶色素（Tea pigment）是一类酚性色素，主要以儿茶多酚类化合物经化学反应氧化聚合形成茶黄素、茶红素，进而通过氧化聚合、偶合作用形成茶褐素。有关研究显示，一般发酵类茶（如红茶或黑茶）会随着发酵程度的增加，茶褐素的含量随之逐渐增加，与此同时茶黄素和茶红素的含量随之逐步降低。

红茶染色色泽最浓，乌龙茶（如铁观音）、黑茶（如普洱）也有不错的色泽，可染得棕色或棕褐色；绿茶中茶黄素含量较高，茶黄色素呈棕黄色粉末，主要是儿茶素及其氧化物，茶黄素溶液随 pH 变化而变化，酸性发亮黄到橙黄，中性变为橙红色，碱性条件氧化变褐色。茶黄素染真丝、羊毛可得到柔和自然的棕色或棕黄色。不同媒染剂下色相差异较大，在铁媒染作用下，可得到铁灰色。蛋白质纤维与纤维素纤维相比，两者得色差异较大。在蛋白质纤维上得到黄色调较高的棕黄色，在纤维素纤维上可以获得深浅不同的肉色，色泽纯正，是肤色系列的首选颜色。

茶叶取材便利、操作简单，染色爱好者既可以从市场购置茶色素，又可以将过期的剩茶利用起来，大工业化生产也可以利用茶沫、利用茶叶发酵过程中的茶汤等染色。

①茶树

②绿茶

③红茶

图3-37 茶树及茶叶

茶叶染色色相如图 3-38 所示。

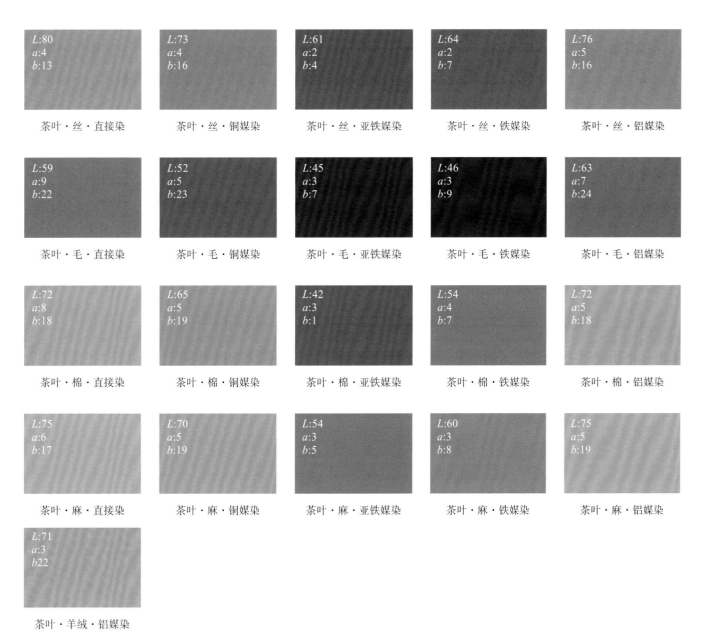

| L:80
a:4
b:13 | L:73
a:4
b:16 | L:61
a:2
b:4 | L:64
a:2
b:7 | L:76
a:5
b:16 |
| 茶叶·丝·直接染 | 茶叶·丝·铜媒染 | 茶叶·丝·亚铁媒染 | 茶叶·丝·铁媒染 | 茶叶·丝·铝媒染 |

L:80 a:4 b:13 茶叶·丝·直接染
L:73 a:4 b:16 茶叶·丝·铜媒染
L:61 a:2 b:4 茶叶·丝·亚铁媒染
L:64 a:2 b:7 茶叶·丝·铁媒染
L:76 a:5 b:16 茶叶·丝·铝媒染

L:59 a:9 b:22 茶叶·毛·直接染
L:52 a:5 b:23 茶叶·毛·铜媒染
L:45 a:3 b:7 茶叶·毛·亚铁媒染
L:46 a:3 b:9 茶叶·毛·铁媒染
L:63 a:7 b:24 茶叶·毛·铝媒染

L:72 a:8 b:18 茶叶·棉·直接染
L:65 a:5 b:19 茶叶·棉·铜媒染
L:42 a:3 b:1 茶叶·棉·亚铁媒染
L:54 a:4 b:7 茶叶·棉·铁媒染
L:72 a:5 b:18 茶叶·棉·铝媒染

L:75 a:6 b:17 茶叶·麻·直接染
L:70 a:5 b:19 茶叶·麻·铜媒染
L:54 a:3 b:5 茶叶·麻·亚铁媒染
L:60 a:3 b:8 茶叶·麻·铁媒染
L:75 a:5 b:19 茶叶·麻·铝媒染

L:71 a:3 b22 茶叶·羊绒·铝媒染

图 3-38　茶叶（红茶）染色色相

2. 咖啡（Coffee，图3-39）

茜草科，常绿小乔木或灌木，又名咖啡树、阿拉伯咖啡等，学名 *Coffea Arabica*。咖啡是咖啡树果实包裹在最里层的种子（咖啡豆），经过烘焙和研磨后的粉末状物质。咖啡含有丰富的蛋白质、脂肪、咖啡因、蔗糖以及淀粉等物质，制成饮料后香气浓郁、滋味可口、营养丰富，因而与茶叶、可可共称为世界三大饮料。咖啡产于非洲、印度尼西亚及中南美洲，我国主要产于台湾、云南和海南等地。

咖啡色素来自咖啡醇和咖啡豆醇一类物质。搜集家中过期的咖啡利用起来也可以减少浪费。咖啡染色时散发出浓浓的芳香，让你陶醉其中，更可以在染色的布上留下淡淡的醇香。

咖啡色素染羊毛与蚕丝都可以得到柔和的、亲切的亮肤色，与人体肤色融为一体，皂洗基本不变色，色牢度也好。染羊毛一定要在高温下进行。蚕丝、羊毛、棉在铁媒染剂的作用下色泽发暗、发灰。咖啡对苎麻的上色很淡，因此不同媒染剂下各色相差异不大。

图 3-39　咖啡

咖啡染色色相如图 3-40 所示。

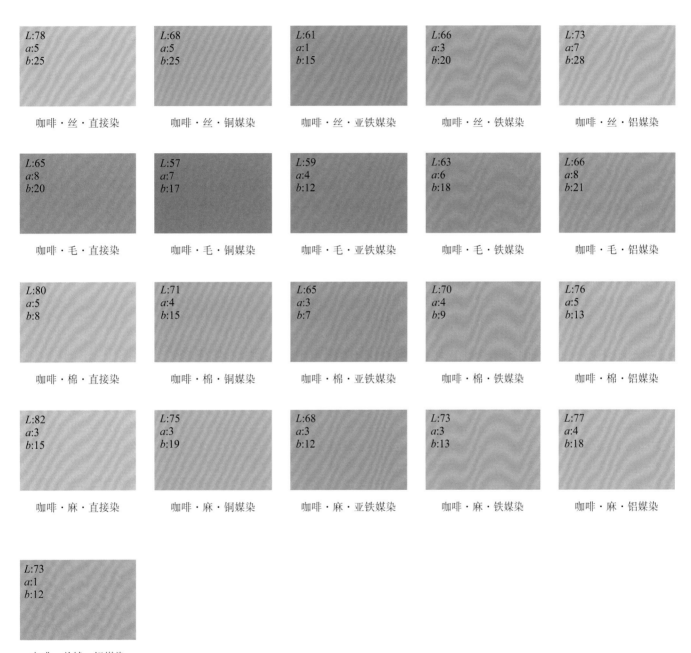

L:78
a:5
b:25

咖啡·丝·直接染

L:68
a:5
b:25

咖啡·丝·铜媒染

L:61
a:1
b:15

咖啡·丝·亚铁媒染

L:66
a:3
b:20

咖啡·丝·铁媒染

L:73
a:7
b:28

咖啡·丝·铝媒染

L:65
a:8
b:20

咖啡·毛·直接染

L:57
a:7
b:17

咖啡·毛·铜媒染

L:59
a:4
b:12

咖啡·毛·亚铁媒染

L:63
a:6
b:18

咖啡·毛·铁媒染

L:66
a:8
b:21

咖啡·毛·铝媒染

L:80
a:5
b:8

咖啡·棉·直接染

L:71
a:4
b:15

咖啡·棉·铜媒染

L:65
a:3
b:7

咖啡·棉·亚铁媒染

L:70
a:4
b:9

咖啡·棉·铁媒染

L:76
a:5
b:13

咖啡·棉·铝媒染

L:82
a:3
b:15

咖啡·麻·直接染

L:75
a:3
b:19

咖啡·麻·铜媒染

L:68
a:3
b:12

咖啡·麻·亚铁媒染

L:73
a:3
b:13

咖啡·麻·铁媒染

L:77
a:4
b:18

咖啡·麻·铝媒染

L:73
a:1
b:12

咖啡·羊绒·铝媒染

图 3-40　咖啡染色色相

3. 槟榔（Betel palm，图 3-41）

属于槟榔目、槟榔科椰子类常绿乔木，学名 *Areca Catechu*，生长在热带季风雨林中，形成了一种喜温、好肥的习性，主要分布在中非和东南亚，如新几内亚、印度、巴基斯坦、斯里兰卡、马来西亚、菲律宾、缅甸、泰国和越南等国。我国引种栽培已有 1500 年的历史，海南、台湾两省栽培较多，广西、云南、福建等地也有栽培。槟榔也是常用中药之一，性温，味苦、辛，具有杀虫消积、降气、行水、截疟之功能。

染色爱好者可从药店购置槟榔，采用水煮法提取。将干槟榔粉碎，在温水中浸泡一夜，槟榔和水的比例可以控制在 1：10 ~ 1：20，80℃ 下煮 90min，过滤得到染液。

图 3-41 槟榔果及槟榔药材

槟榔染色色相如图 3-42 所示。

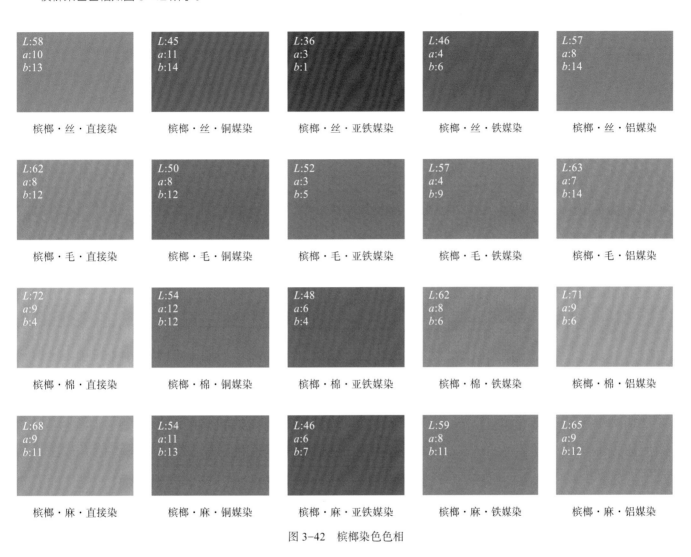

图 3-42　槟榔染色色相

槟榔上染效果较差，所以需要在 70℃以上的高温下进行染色，但即使如此，除了蚕丝上染率稍高，棉、麻、毛的上染率都不是很高。不同媒染剂作用下色相变化不大，亚铁媒染剂下色调偏暗。

五、紫色系

1. 紫草（Gromwell，图3-43）

紫草为紫草科多年生草本植物，根粗壮，呈深紫色，学名 *Lithospermum Er ythonhizon Sieb. et Zucc.*。紫草根含有紫色素，李时珍曰："此草花紫根紫，可以染紫"，是古代染紫色的重要染料。紫草亦是好药材，可制成紫云膏，治疗肿伤、烧伤、冻伤、水泡等皮肤外伤与湿疹。

紫草是典型的媒染染料，色素的主要成分是萘醌衍生物类的紫草醌和乙酰紫草醌，这两种紫草醌的水溶性都不好，需要用酒精（乙醇）进行提取。染色爱好者可从药店购买紫草。首先将紫草根洗净切碎，按一定比例加入酒精，加热升温到60℃左右，搅动、搓揉、挤压紫草根，使紫色素更快溶解于溶液中，过滤出植物残渣后即得染液。染色温度40~60℃较为适宜，高温会使紫草色素分解。要获得深紫色，需反复染多次。

图 3-43　紫草根及紫草植物

紫草染色色相如图 3-44 所示。

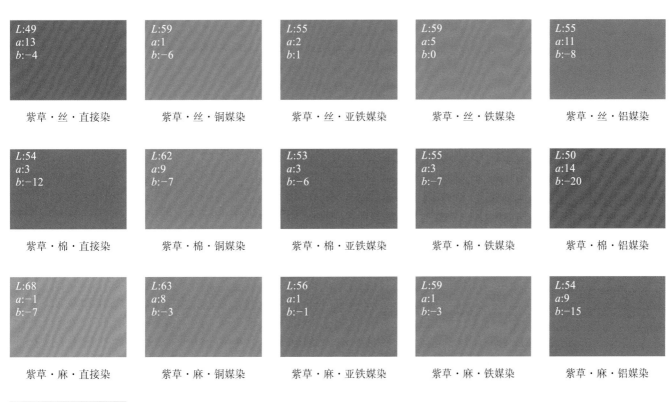

L:49 a:13 b:-4
紫草·丝·直接染

L:59 a:1 b:-6
紫草·丝·铜媒染

L:55 a:2 b:1
紫草·丝·亚铁媒染

L:59 a:5 b:0
紫草·丝·铁媒染

L:55 a:11 b:-8
紫草·丝·铝媒染

L:54 a:3 b:-12
紫草·棉·直接染

L:62 a:9 b:-7
紫草·棉·铜媒染

L:53 a:3 b:-6
紫草·棉·亚铁媒染

L:55 a:3 b:-7
紫草·棉·铁媒染

L:50 a:14 b:-20
紫草·棉·铝媒染

L:68 a:-1 b:-7
紫草·麻·直接染

L:63 a:8 b:-3
紫草·麻·铜媒染

L:56 a:1 b:-1
紫草·麻·亚铁媒染

L:59 a:1 b:-3
紫草·麻·铁媒染

L:54 a:9 b:-15
紫草·麻·铝媒染

L:43 a:10 b:-9
紫草·羊绒·铝媒染

图 3-44　紫草染色色相

　　紫草在不同媒染剂下色相变化很大，其中在铝媒染剂下可获得艳丽的紫色，这是所有染料中非常独特的一个颜色，在铁媒染剂下获得灰黑或蓝灰色，铜媒染剂下在纤维素纤维与蛋白质纤维上得到不同的色泽。紫草的紫色大大丰富了植物染料的色相，使其成为不可或缺的一个染料。

2. 紫米（Black rice，图 3-45）

紫米（Oryza sativa L.）为水稻的一个品种。全国仅有湖南、陕西、四川、贵州、云南有少量栽培，是较珍贵的水稻品种。它与普通大米的区别，在于它的种皮有一薄层紫色物质。将紫米浸泡液（浸泡一夜）用于染色，既不浪费，又可以获得所需的颜色。

图 3-45　紫米

紫米液染色色相如图 3-46 所示。

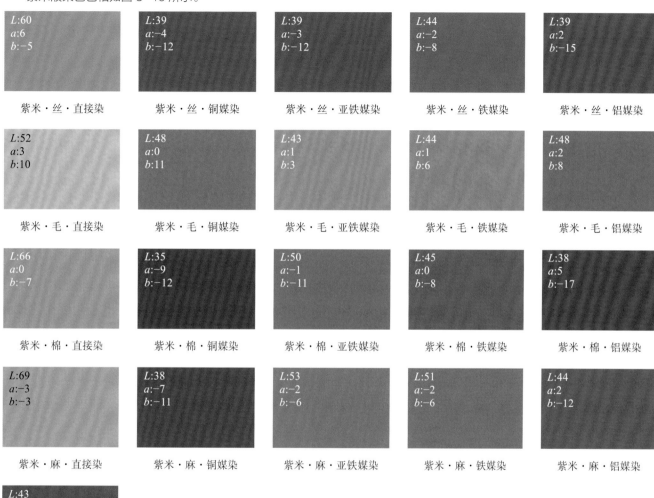

L:60 a:6 b:-5	L:39 a:-4 b:-12	L:39 a:-3 b:-12	L:44 a:-2 b:-8	L:39 a:2 b:-15
紫米·丝·直接染	紫米·丝·铜媒染	紫米·丝·亚铁媒染	紫米·丝·铁媒染	紫米·丝·铝媒染
L:52 a:3 b:10	L:48 a:0 b:11	L:43 a:1 b:3	L:44 a:1 b:6	L:48 a:2 b:8
紫米·毛·直接染	紫米·毛·铜媒染	紫米·毛·亚铁媒染	紫米·毛·铁媒染	紫米·毛·铝媒染
L:66 a:0 b:-7	L:35 a:-9 b:-12	L:50 a:-1 b:-11	L:45 a:0 b:-8	L:38 a:5 b:-17
紫米·棉·直接染	紫米·棉·铜媒染	紫米·棉·亚铁媒染	紫米·棉·铁媒染	紫米·棉·铝媒染
L:69 a:-3 b:-3	L:38 a:-7 b:-11	L:53 a:-2 b:-6	L:51 a:-2 b:-6	L:44 a:2 b:-12
紫米·麻·直接染	紫米·麻·铜媒染	紫米·麻·亚铁媒染	紫米·麻·铁媒染	紫米·麻·铝媒染
L:43 a:-1 b:-9				
紫米·羊绒·铝媒染				

图 3-46　紫米染色色相

　　紫米外皮中含有花青素，低温染色可获得紫色，且在不同媒染剂下呈现不同的颜色，色相差异较大。其中加铜媒染剂呈现蓝灰色、蓝绿色，铝媒染剂染色产品呈现蓝紫色，铁媒染剂染色产品呈现中深色调的灰色。棉、麻、羊绒、丝样品染色效果优良。

3. 紫甘蓝（Red Cabbage，图3-47）

　　紫甘蓝又称红甘蓝、赤甘蓝，俗称紫包菜、紫圆白菜，为十字花科、芸薹属甘蓝种中的一个变种，学名 *Brassica Oleraea Var. Capitata L.*。由于它的外叶和叶球都呈紫红色，故名。紫甘蓝是百姓家中常食的蔬菜之一，营养丰富，富含维生素。紫甘蓝产量高，南方除炎热的夏季，北方除寒冷的冬季外，均能栽培，在我国北方地区，尤其是山东省内栽培较多。

　　食用蔬菜紫甘蓝中的主要色素是一种具有药用价值的天然色素——花青素，它是一类水溶性天然色素，属于黄酮多酚类化合物，具有较强的抗氧化作用，能清除体内自由基，有助于细胞更新，增强人体活力，有一定医疗和保健作用，在很多领域可以应用。花青素在不同的pH下呈现不同的颜色，易溶于水、乙醇、甲醇等极性化合物，不溶于氯仿、乙醚等非极性有机溶剂。

　　将市场上购买的紫甘蓝（用外皮）洗净切碎，称取一定量的紫甘蓝投入水中（料液比最好控制在1：10以内），80℃下煮90min，过滤的滤液即为染液。

图3-47　紫甘蓝

紫甘蓝（1：5）染色色相如图 3-48 所示。

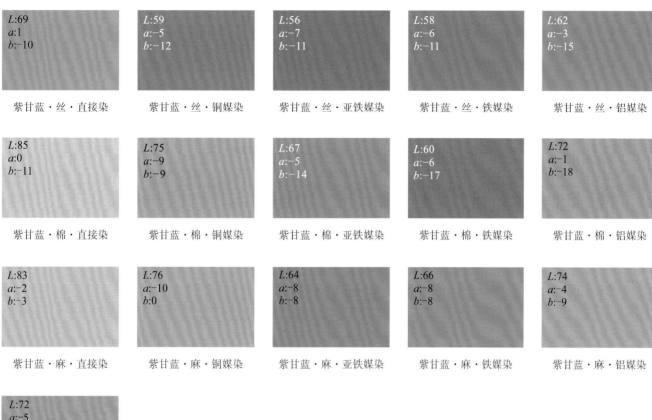

L:69 a:1 b:-10	L:59 a:-5 b:-12	L:56 a:-7 b:-11	L:58 a:-6 b:-11	L:62 a:-3 b:-15
紫甘蓝·丝·直接染	紫甘蓝·丝·铜媒染	紫甘蓝·丝·亚铁媒染	紫甘蓝·丝·铁媒染	紫甘蓝·丝·铝媒染
L:85 a:0 b:-11	L:75 a:-9 b:-9	L:67 a:-5 b:-14	L:60 a:-6 b:-17	L:72 a:-1 b:-18
紫甘蓝·棉·直接染	紫甘蓝·棉·铜媒染	紫甘蓝·棉·亚铁媒染	紫甘蓝·棉·铁媒染	紫甘蓝·棉·铝媒染
L:83 a:-2 b:3	L:76 a:-10 b:0	L:64 a:-8 b:-8	L:66 a:-8 b:-8	L:74 a:-4 b:-9
紫甘蓝·麻·直接染	紫甘蓝·麻·铜媒染	紫甘蓝·麻·亚铁媒染	紫甘蓝·麻·铁媒染	紫甘蓝·麻·铝媒染
L:72 a:-5 b:2				
紫甘蓝·羊绒·铝媒染				

图 3-48　紫甘蓝染色色相（料液比 1：5）

紫甘蓝对蛋白质纤维的上染效果优于纤维素纤维。在无媒染剂的情况下，较难上色，特别是低浓度下更难上色。但在媒染剂的帮助下，可获得不同的蓝色调，铜、铁媒染剂下呈蓝绿色、蓝色，铝媒染剂下呈蓝紫色。紫甘蓝中含有花青素，染色最好在较低温度下进行，羊毛高温染色时色相会有所变化。同时紫甘蓝在从酸性到碱性的不同 pH 环境下变化，颜色从红色变为紫色再变成蓝色，因此要注意染色和皂洗或服装洗涤时的酸碱条件。

4. 紫洋葱（Onion，图3-49）

洋葱气味辛辣，能刺激胃、肠及消化腺分泌，增进食欲，促进消化，在国外被誉为"菜中皇后"，学名 *Allium capa L.*。洋葱有白、黄、红、赤褐、紫等不同颜色，尤其是紫洋葱营养价值更高，它含有抗癌及分解脂肪作用的花青素成分是一般洋葱的 30 倍。因此用紫洋葱皮染出的颜色与黄洋葱皮不同。

图 3-49　紫洋葱与紫洋葱皮

紫洋葱皮（料液比 1 ： 20）染色色相如图 3-50 所示。

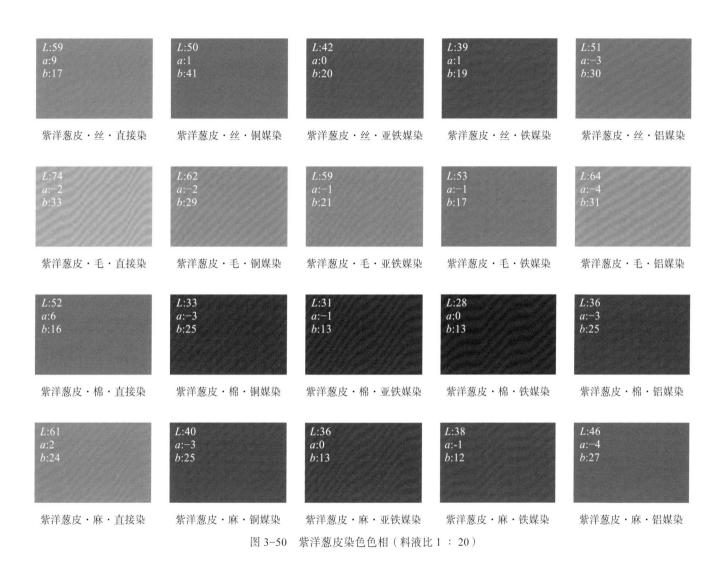

L:59 a:9 b:17	L:50 a:1 b:41	L:42 a:0 b:20	L:39 a:1 b:19	L:51 a:-3 b:30
紫洋葱皮·丝·直接染	紫洋葱皮·丝·铜媒染	紫洋葱皮·丝·亚铁媒染	紫洋葱皮·丝·铁媒染	紫洋葱皮·丝·铝媒染
L:74 a:-2 b:33	L:62 a:-2 b:29	L:59 a:-1 b:21	L:53 a:-1 b:17	L:64 a:-4 b:31
紫洋葱皮·毛·直接染	紫洋葱皮·毛·铜媒染	紫洋葱皮·毛·亚铁媒染	紫洋葱皮·毛·铁媒染	紫洋葱皮·毛·铝媒染
L:52 a:6 b:16	L:33 a:-3 b:25	L:31 a:-1 b:13	L:28 a:0 b:13	L:36 a:-3 b:25
紫洋葱皮·棉·直接染	紫洋葱皮·棉·铜媒染	紫洋葱皮·棉·亚铁媒染	紫洋葱皮·棉·铁媒染	紫洋葱皮·棉·铝媒染
L:61 a:2 b:24	L:40 a:-3 b:25	L:36 a:0 b:13	L:38 a:-1 b:12	L:46 a:-4 b:27
紫洋葱皮·麻·直接染	紫洋葱皮·麻·铜媒染	紫洋葱皮·麻·亚铁媒染	紫洋葱皮·麻·铁媒染	紫洋葱皮·麻·铝媒染

图 3-50　紫洋葱皮染色色相（料液比 1 ： 20）

紫洋葱皮（料液比 1 ：80）染色色相如图 3-51 所示。

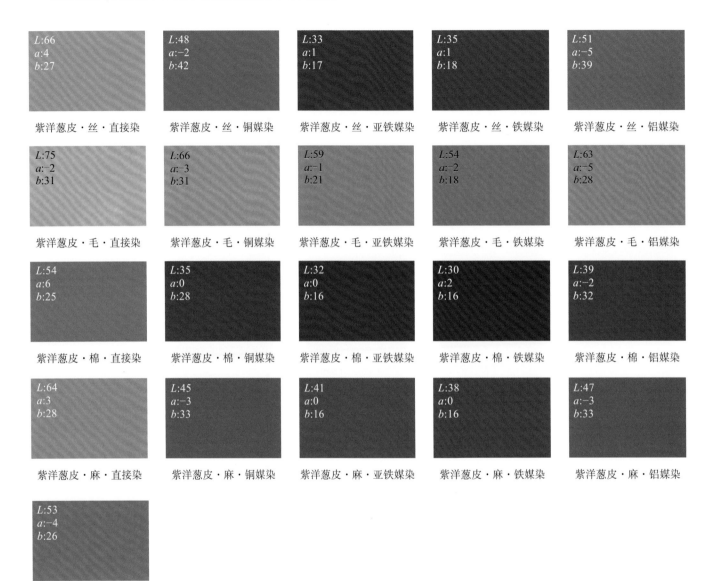

L:66 a:4 b:27
紫洋葱皮·丝·直接染

L:48 a:-2 b:42
紫洋葱皮·丝·铜媒染

L:33 a:1 b:17
紫洋葱皮·丝·亚铁媒染

L:35 a:1 b:18
紫洋葱皮·丝·铁媒染

L:51 a:-5 b:39
紫洋葱皮·丝·铝媒染

L:75 a:-2 b:31
紫洋葱皮·毛·直接染

L:66 a:-3 b:31
紫洋葱皮·毛·铜媒染

L:59 a:-1 b:21
紫洋葱皮·毛·亚铁媒染

L:54 a:-2 b:18
紫洋葱皮·毛·铁媒染

L:63 a:-5 b:28
紫洋葱皮·毛·铝媒染

L:54 a:6 b:25
紫洋葱皮·棉·直接染

L:35 a:0 b:28
紫洋葱皮·棉·铜媒染

L:32 a:0 b:16
紫洋葱皮·棉·亚铁媒染

L:30 a:2 b:16
紫洋葱皮·棉·铁媒染

L:39 a:-2 b:32
紫洋葱皮·棉·铝媒染

L:64 a:3 b:28
紫洋葱皮·麻·直接染

L:45 a:-3 b:33
紫洋葱皮·麻·铜媒染

L:41 a:0 b:16
紫洋葱皮·麻·亚铁媒染

L:38 a:0 b:16
紫洋葱皮·麻·铁媒染

L:47 a:-3 b:33
紫洋葱皮·麻·铝媒染

L:53 a:-4 b:26
紫洋葱皮·羊绒·铝媒染

图 3-51　紫洋葱皮染色色相（料液比 1 ：80）

紫洋葱皮对棉、麻、毛、丝织物的染色效果极佳。在各种媒染剂的作用下，可获得军绿色或墨绿色。其中料液比1：80 染得的颜色稍显亮丽。媒染与直接染（棕黄色）相比颜色差异很大。紫洋葱皮中含有丰富的花青素，即使在料液比为 1：80 的染液中，亦可获得较浓郁的绿色。

紫洋葱肉（料液比 1 ：10）染色色相如图 3-52 所示。

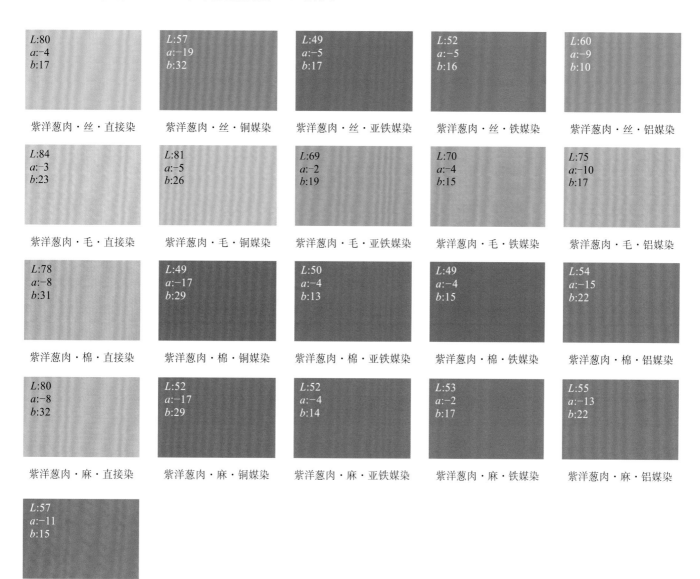

L:80 a:-4 b:17	L:57 a:-19 b:32	L:49 a:-5 b:17	L:52 a:-5 b:16	L:60 a:-9 b:10
紫洋葱肉·丝·直接染	紫洋葱肉·丝·铜媒染	紫洋葱肉·丝·亚铁媒染	紫洋葱肉·丝·铁媒染	紫洋葱肉·丝·铝媒染

L:84 a:-3 b:23	L:81 a:-5 b:26	L:69 a:-2 b:19	L:70 a:-4 b:15	L:75 a:-10 b:17
紫洋葱肉·毛·直接染	紫洋葱肉·毛·铜媒染	紫洋葱肉·毛·亚铁媒染	紫洋葱肉·毛·铁媒染	紫洋葱肉·毛·铝媒染

L:78 a:-8 b:31	L:49 a:-17 b:29	L:50 a:-4 b:13	L:49 a:-4 b:15	L:54 a:-15 b:22
紫洋葱肉·棉·直接染	紫洋葱肉·棉·铜媒染	紫洋葱肉·棉·亚铁媒染	紫洋葱肉·棉·铁媒染	紫洋葱肉·棉·铝媒染

L:80 a:-8 b:32	L:52 a:-17 b:29	L:52 a:-4 b:14	L:53 a:-2 b:17	L:55 a:-13 b:22
紫洋葱肉·麻·直接染	紫洋葱肉·麻·铜媒染	紫洋葱肉·麻·亚铁媒染	紫洋葱肉·麻·铁媒染	紫洋葱肉·麻·铝媒染

L:57 a:-11 b:15
紫洋葱肉·羊绒·铝媒染

图 3-52　紫洋葱肉的染色色相（料液比 1 ：10）

低温下，用紫洋葱肉可以染出娇嫩的绿色（图 3-52），但在无媒染剂的情况下仅显淡黄色，在铜、铝媒染剂下棉、麻、毛、丝样品都呈现嫩绿色，艳丽、漂亮。铁媒染剂染色产品呈现灰绿色。棉、麻、毛、丝样品染色效果均佳。由于洋葱种植面积大、产量高、价格不贵，特别是紫洋葱肉诱人的绿色，染色爱好者不妨一试。

5. 葡萄（Grapes，图3-53）

葡萄科，落叶藤本植物葡萄的果实，别名提子、蒲桃、蒲萄、草龙珠等，学名 *Vitis vinifera L.*。葡萄品种繁多，有白、青、红、褐、紫、黑等不同果色。葡萄的果实不仅含糖分多，还含有多种对人体有益的矿物质和维生素，具有增进人体健康和治疗神经衰弱及过度疲劳的功效。现代医学研究表明，葡萄还具有防癌、抗癌的作用。葡萄皮中含矢车菊素、芍药素、飞燕草素、矮牵牛素、锦葵花素、锦葵花素-3-β-葡萄糖甙等，其中的色素主要由花青素、黄酮组成。全球葡萄主要分布于亚洲、欧洲、北非等区域，我国在长江流域以北各地均有种植，主要产于新疆、甘肃、山西、河北、山东等地。

图3-53　葡萄

染色爱好者用葡萄皮染色时，既可以在市场上购买葡萄皮色素直接染色，也可以在食用葡萄之后将葡萄皮搜集晒干或在冰箱里冷藏以备染色使用。提取葡萄皮色素或染色时，注意温度不要太高以防破坏花青素的颜色。

红褐色葡萄皮染色色相如图3-54所示。

葡萄皮不宜在高温染色，故需高温染色的羊毛不适用。不同媒染剂下色相变化不大。

L:56
a:7
b:6

葡萄皮·丝·直接染

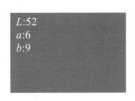

L:52
a:6
b:9

葡萄皮·丝·铜媒染

L:48
a:4
b:3

葡萄皮·丝·亚铁媒染

L:49
a:3
b:8

葡萄皮·丝·铁媒染

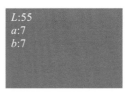

L:55
a:7
b:7

葡萄皮·丝·铝媒染

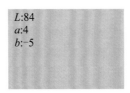

L:84
a:4
b:-5

葡萄皮·棉·直接染

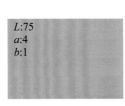

L:75
a:4
b:1

葡萄皮·棉·铜媒染

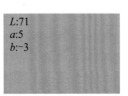

L:71
a:5
b:-3

葡萄皮·棉·亚铁媒染

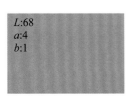

L:68
a:4
b:1

葡萄皮·棉·铁媒染

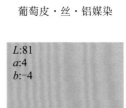

L:81
a:4
b:-4

葡萄皮·棉·铝媒染

L:75
a:3
b:6

葡萄皮·麻·直接染

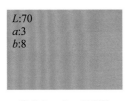

L:70
a:3
b:8

葡萄皮·麻·铜媒染

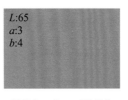

L:65
a:3
b:4

葡萄皮·麻·亚铁媒染

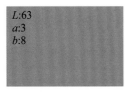

L:63
a:3
b:8

葡萄皮·麻·铁媒染

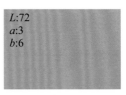

L:72
a:3
b:6

葡萄皮·麻·铝媒染

图3-54　葡萄皮染色色相

6. 牵牛花（Morning Glory，图 3-55）

旋花科，牵牛属，一年生草本缠绕植物，又名喇叭花、碗公花、牵牛，学名 *Pharbitis nil（Linn.）Choisy*。其品种很多，花的颜色有蓝、绯红、桃红、紫等，亦有混色，花期在 6 ~ 10 月，朝开午谢，常见庭院栽培用于观赏，时常亦为野生，故可以利用。牵牛花的种子可入药，性寒，味苦，有逐水消积功能，对水肿腹胀、脚气、大小便不利等病症有特别的疗效。我国各地普遍栽培。

牵牛花的色素主要存在于花冠处，蓝紫色、蓝色的牵牛花染出的颜色独特。因色素较少，需一次采集较多的牵牛花进行染色（料液比 1 ： 5 左右），通常现采现染，也可在冰箱中暂存一两天。牵牛花对棉、麻上染较差，对毛、丝上染效果较好，并且需要借助媒染剂帮助上染。染色时，低温条件下可获得较鲜艳的颜色，各种媒染剂媒染后得到黄绿色调。

蓝紫色牵牛花染色色相如图 3-56 所示。

图 3-55 牵牛花植物及牵牛花

L:76
a:-1
b:8

牵牛花·丝·直接染

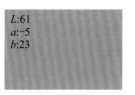

L:61
a:-5
b:23

牵牛花·丝·铜媒染

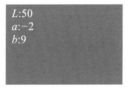

L:50
a:-2
b:9

牵牛花·丝·亚铁媒染

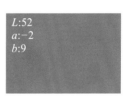

L:52
a:-2
b:9

牵牛花·丝·铁媒染

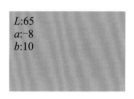

L:65
a:-8
b:10

牵牛花·丝·铝媒染

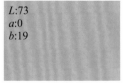

L:73
a:0
b:19

牵牛花·毛·直接染

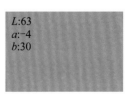

L:63
a:-4
b:30

牵牛花·毛·铜媒染

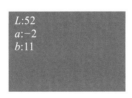

L:52
a:-2
b:11

牵牛花·毛·亚铁媒染

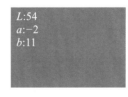

L:54
a:-2
b:11

牵牛花·毛·铁媒染

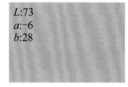

L:73
a:-6
b:28

牵牛花·毛·铝媒染

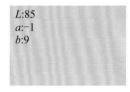

L:85
a:-1
b:9

牵牛花·麻·直接染

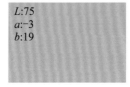

L:75
a:-3
b:19

牵牛花·麻·铜媒染

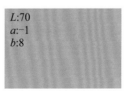

L:70
a:-1
b:8

牵牛花·麻·亚铁媒染

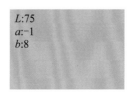

L:75
a:-1
b:8

牵牛花·麻·铁媒染

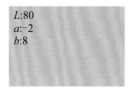

L:80
a:-2
b:8

牵牛花·麻·铝媒染

图 3-56 蓝紫色牵牛花染色色相

六、黑色系

1. 五倍子（Gallnut，图3-57）

五倍子又名百虫仓、百药煎、棓子，学名 *Galla Chinensis*，是一种蚜虫寄生于漆树科植物花蕾旁边或树皮上，树皮受到蚜虫的刺激而形成肿瘤状突起的虫瘿，经烘焙干燥后所得。因此严格地说，五倍子属于动物染料。我国五倍子的主要产地集中分布于秦岭、大巴山、武当山、巫山、武陵山、峨眉山、大娄山、大凉山等山区和丘陵地带。五倍子中含有丰富的鞣酸（又称单宁酸），可用于染色，当鞣酸和铁离子结合时，可将纤维染成棕黑色。五倍子具有收敛止血、抗菌、解毒等功效，试验表明其对金黄色葡萄球菌、链球菌、肺炎球菌以及伤寒、副伤寒、痢疾、炭疽、白喉、绿脓杆菌等均有明显的抑菌或杀菌作用。

五倍子染色色相如图3-58所示。

五倍子与铁、亚铁离子结合染出棕黑色，亚铁与铁离子媒染剂染出的色相差异不大，与铝、铜离子等媒染剂染得棕黄色。增加染色次数、增加媒染剂浓度或增加染液浓度，可获得棕黑色。五倍子是中国古代染黑的主要用染料。

图3-57　五倍子染材

L:45
a:4
b:-2

五倍子·丝·亚铁媒染

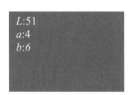

L:51
a:4
b:6

五倍子·羊绒·亚铁媒染

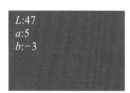

L:47
a:5
b:-3

五倍子·棉·亚铁媒染

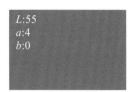

L:55
a:4
b:0

五倍子·麻·亚铁媒染

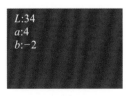

L:34
a:4
b:-2

五倍子·丝·亚铁媒染·1遍

L:29
a:5
b:-1

五倍子·丝·亚铁媒染·2遍

L:24
a:4
b:-2

五倍子·丝·亚铁媒染·3遍

L:18
a:3
b:-1

五倍子·丝·亚铁媒染·4遍

L:15
a:2
b:-1

五倍子·丝·亚铁媒染·5遍

图3-58　五倍子染色色相

2. 诃子（Haritaki，图 3-59）

诃子，又名诃黎勒、诃黎、随风子，学名 *Terminalia chebula Retz.*，为使君子科、诃子属的干燥成熟果实。主要分布于云南等地。诃子含有鞣质、多酚、多糖、挥发油等化学成分，具有抗菌、收缩血管、提高免疫功能。

植物中的鞣质又称单宁，是一类结构十分复杂的多酚化合物，在空气中易氧化聚合，也容易络合各类金属离子。单宁首先与铁盐在纤维上生成无色的鞣酸亚铁，然后被空气氧化成不溶性的鞣酸高铁色淀，所以染色牢度非常优秀。各种鞣质用铁盐媒染大都可得黑色。

诃子染色色相如图 3-60 所示。

诃子在亚铁媒染剂下，形成铁灰色，从图 3-60 中的色度值可以看出 a 值、b 值接近于零，且 L 值非常小，近似达到无彩色系，多次反复染可以达到黑灰色。亚铁和铁媒染剂作用相差不大。

图 3-59　诃子

L:39
a:3
b:3

诃子·丝·亚铁媒染 3%

L:36
a:2
b:1

诃子·丝·亚铁媒染 5%

L:35
a:2
b:1

诃子·丝·亚铁媒染 7%

L:35
a:1
b:0

诃子·丝·亚铁媒染 10%

L:33
a:1
b:5

诃子·丝·铁媒染 5%

L:16
a:0
b:2

诃子·毛·亚铁媒染 3%

L:15
a:0
b:2

诃子·毛·亚铁媒染 5%

L:15
a:0
b:1

诃子·毛·亚铁媒染 7%

L:14
a:0
b:1

诃子·毛·亚铁媒染 10%

L:20
a:0
b:4

诃子·毛·铁媒染 5%

图 3-60　不同媒染剂用量下的诃子染色色相

3. 薯莨（图3-61）

藤本，学名 *Dioscorea cirrhosa L.*，粗壮，长可达20米左右，为薯蓣科蔓性多年生草本植物。块茎一般生长在表土层，为卵形、球形、长圆形或葫芦状，外皮黑褐色，凹凸不平，断面新鲜时呈红色，干后呈紫黑色。分布于浙江南部、江西南部、福建、台湾、湖南、广东、广西、贵州、四川南部和西部、云南等地。具有活血止血，理气止痛，清热解毒的功效。

薯莨因含有大量的单宁酸，染色品质佳，是中国最早被利用为织物整理的"天然树脂"。著名的香云纱、黑胶绸产品就是采用薯莨的汁液对丝绸进行染色，之后在空气中氧化成褐红色，再用含铁盐的河泥涂覆织物表面，绸面由褐红色变为褐黑色，水冲洗后，织物一面呈褐红色，一面呈乌亮的褐黑色。香云纱穿着挺爽不贴身，凉爽舒适。因此薯莨是中国传统的黑褐色染料。

薯莨染料的提取方法也可以用水煮法。将薯莨根茎块切片、捣碎，水煮2~3次，煮液合并过滤，得到染液。中国古代多用薯莨染真丝和麻织物，事实上棉花、羊毛亦可染出很好的效果。

温馨提示：

自然界可用于染黑色的材料很多，如多数植物的树皮、枝叶，因植物树皮、枝叶中含有单宁，染出的颜色都是棕色、棕黑色，但从保护植物的角度出发，剥皮、折枝会使植物受到伤害，尽量选择廉价、易得、不伤害大自然的染料丰富人类服装的彩色世界。

图3-61 薯莨茎块

第二节 植物染色色相分析

一、植物染色的色相总体分析

　　自然界植物染料种类繁多，在此仅将本书中涉及的三十余种染料的色相在不同的媒染剂下、用不同材料染出的色相列在了图 3-62 的色相环中，并做分析。黄色系染材包括姜黄、栀子、黄连、黄芩、黄柏、大黄、槐花、石榴皮等，它们的染色色相基本分布在 G80Y~Y20R 的黄色区域。整体来看，黄色系的色相占了相当大比例，而且不同明度和彩度的色相都有分布；Y~Y40R 靠近中心的区域范围，则主要是由茶叶、咖啡、槟榔、五倍子等染得，整体色相偏裸色、棕色或是灰黑色；红色系区域（Y80R~R30B）的色相主要来自苏木、红花、茜草、高粱红等染料，植物染料中可以染红色的染料不多，色泽也偏柔和，明度和彩度都趋于中等，这是植物染色色相的基本特征；紫草、紫米浸泡液和高浓度的苏木可以染得紫色，主要分布在彩度中等偏低的 R40B~R60B 的紫色区域；紫甘蓝、栀子蓝和靛蓝染得的颜色主要分布在 R80B~B10G 的区域，分布比较集中，说明色相比较相近。部分植物染料的蓝紫色相不稳定，遇酸、碱色相容易发生变化；黄、紫洋葱皮和洋葱肉染得的颜色主要集中在绿色（G10Y~G70Y）区域。整体来看，色相基调柔和，部分色相彩度较高，色泽明亮，如姜黄、黄连、红花、紫洋葱肉等，特别是柔美的绿色中泛着微黄，尤为漂亮。但是从图 3-62 中也发现，B30G~G10Y 区域的蓝色、蓝绿色系和 Y40R~Y70R 区域的橙色系比较缺乏，因此靠一种染料染色无法让染色爱好者随心所欲地获得所需要的各种颜色。

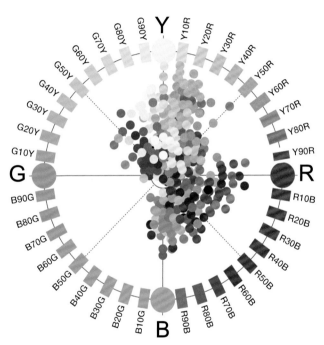

图 3-62　全部植物染色色相分布

温馨提示：

　　图 3-62 中的色彩圆环不含黑色和白色，是由纯彩色形成的色彩圆环，它表示颜色的色相关系。色环中 4 个彩色基准色——黄（Y）、红（R）、蓝（B）、绿（G）在色彩圆环上呈直角分布，越靠近中心区域属无彩色区域，越靠近色相环外围区域彩度越高。色环上 Y80R 表示色相，也就是色相为 80% 红色和 20% 黄色，R30B 为 30% 蓝色和 70% 红色，其他同理。

二、不同材料的染色色相分析

图 3-63~ 图 3-66 分别是真丝、棉、芒麻及羊绒织物在铝媒染下的色相分布。在其他条件相同的情况下，被染材料的不同带来了染色色相或明度和彩度的差异。图 3-63 中的被染织物是纯桑蚕丝绉缎，植物染料对羊毛、蚕丝的蛋白质纤维有着非常好的染色性能，加之蚕丝本身带着美妙绝伦的光泽，所以染色后光彩照人，色彩明度和彩度都比较高，分散在色环的偏外侧。图 3-64 中的纯棉织物是细特的丝光棉布，也获得了丰富、漂亮的色彩，只是色相更加温和，清新自然的气息更加浓厚。芒麻织物染色性能不如棉，所以染出的颜色比棉淡，带着清澈的透明，从图 3-65 中可以看到，色相基本分布在彩度中等的区域，明度偏亮。用植物染料对羊绒、羊毛织物染色也可以获得非常好的效果，特别是羊绒

织物效果更佳（图 3-66），与其他材料相比，羊绒的植物染色色相更加沉稳、柔美恬静、成熟内敛，彩度和明度偏低。

再将棉织物和真丝织物经过各染料直接染和媒染（Cu^{2+}、Al^{3+}、Fe^{3+}、Fe^{2+}）染色的全部色相列于图 3-67 中。真丝、棉两种材料相比较，各色系区域的色相分布状态相似，说明各植物染料对于棉和真丝织物的染色色相是相似的。但真丝染色后的色相更多的分布在彩度较高的色相环外围，特别是红色系、黄色系区域的色相点较棉的分布更加向外围扩散，这说明真丝染出的色彩较棉更加鲜艳，色相彩度更高。整体来看，伴随着织物本身的光泽，植物染料的颜色在真丝织物上色彩明艳、熠熠生辉，而棉织物的植物染色色相柔和，如同植物染料本身一样，温和、自然的气息如春风拂面。

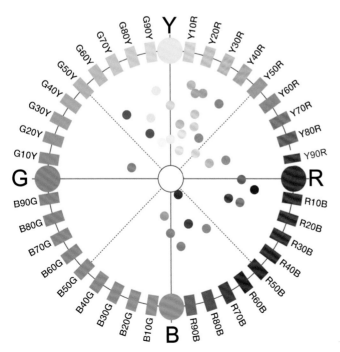

图 3-63　真丝织物在铝媒染下的色相分布

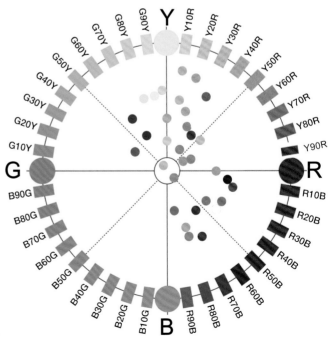

图 3-64　棉织物在铝媒染下的色相分布

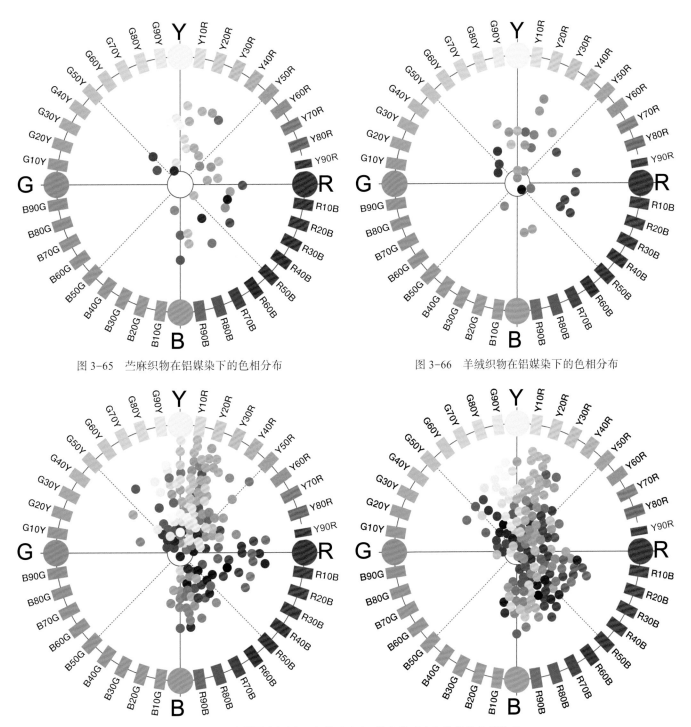

图 3-65　苎麻织物在铝媒染下的色相分布

图 3-66　羊绒织物在铝媒染下的色相分布

图 3-67　不同媒染剂下真丝织物（左）、棉织物（右）染色的色相分布

三、不同媒染剂下的染色色相分析

以真丝织物在不同媒染剂下的染色色相为例进行分析。图 3-68~ 图 3-72 分别是真丝织物在直接染色、Cu^{2+}、Fe^{2+}、Fe^{3+} 和 Al^{3+} 媒染染色下的色相分布。

植物染料对真丝织物直接染色的色相有着华丽高贵的光泽，明艳中又不乏脱俗的雅致（图 3-68）。加入铜媒染剂后颜色呈现隐约的绿光，同时明度变暗，彩度增加（图 3-69）；加入铁媒染剂后色相变深、变棕，明度变暗，彩度也随之下降，从图 3-70、图 3-71 中可以看出整个色相分布向中心靠拢，二价和三价铁离子色相稍有差异；加入铝媒染剂后颜色变得鲜艳，光泽夺目，从图 3-72 中可以看出色相点均向外围扩散。媒染剂对各种染料的作用大体是相似的，只是不同染料有的对媒染剂更加敏感、有的变化不大。

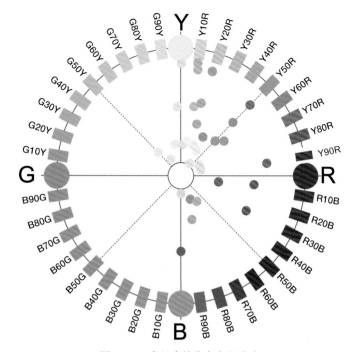

图 3-68　真丝直接染色色相分布

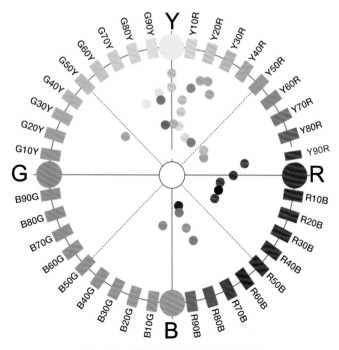

图 3-69　真丝在铜媒染下的色相分布

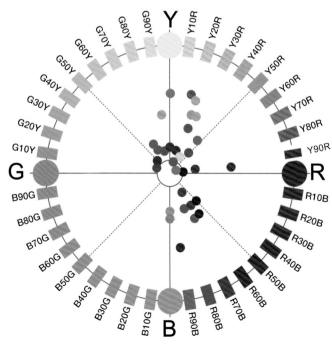

图 3-70　真丝在二价铁媒染下的色相分布

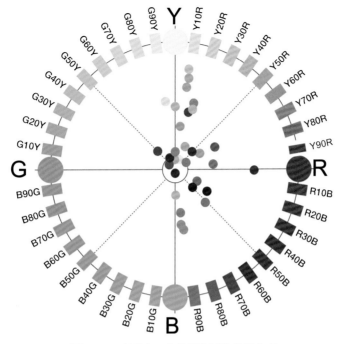

图 3-71　真丝在三价铁媒染下的色相分布

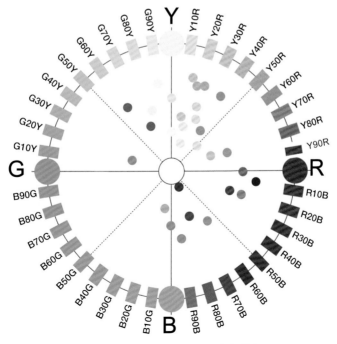

图 3-72　真丝在铝媒染下的色相分布

第三节　特殊染色方法及其色相

虽然植物染料种类很多，但染料的色谱仍不全面，黄色、褐色、红色相对较易得到，而蓝绿色等冷色调偏少，且有些植物染料不能对织物上染深色。为此，本节介绍一些上染深色、丰富色相的方法，以供参考。

1. 复染

中国古代劳动人民已经摸索出一套上染深色的方法，那就是反复多次染，有时多达 7~8 遍，每染一遍、干燥后再染，反复多次，就可获得深色。

在明矾、绿矾媒染剂下，对羊毛、蚕丝织物进行染色，以茜草、诃子为例，分别染 1~5 遍得到的色相如图 3-73 所示。

L:50
a:30
b:19

茜草·毛·铝媒染·1 遍

L:45
a:31
b:16

茜草·毛·铝媒染·2 染

L:40
a:33
b:18

茜草·毛·铝媒染·3 遍

L:36
a:34
b:20

茜草·毛·铝媒染·4 染

L:30
a:33
b:19

茜草·毛·铝媒染·5 遍

L:36
a:2
b:1

诃子·丝·亚铁媒染·1 遍

L:22
a:1
b:1

诃子·丝·亚铁媒染·2 遍

L:15
a:1
b:0

诃子·丝·亚铁媒染·3 遍

L:14
a:0
b:-1

诃子·丝·亚铁媒染·4 遍

图 3-73　植物染料多次染色色相

2. 多媒染

增加媒染剂用量，可以提高染色深度，当然媒染剂不宜添加太多，需适当把握。以增加铁媒染剂、铝媒染剂用量为例，对真丝织物用五倍子、茜草进行染色，得到的色相如图 3-74 所示。

L:48
a:4
b:-1

五倍子·丝·铁媒染 3%

L:45
a:5
b:-2

五倍子·丝·铁媒染 5%

L:44
a:5
b:-3

五倍子·丝·铁媒染 7%

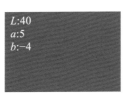
L:40
a:5
b:-4

五倍子·丝·铁媒染 10%

L:81
a:11
b:10

茜草·丝·铝媒染 3%

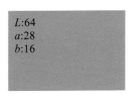
L:64
a:28
b:16

茜草·丝·铝媒染 5%

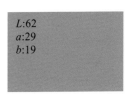
L:62
a:29
b:19

茜草·丝·铝媒染 7%

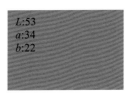
L:53
a:34
b:22

茜草·丝·铝媒染 10%

图 3-74　增加媒染剂用量的五倍子、茜草染色色相

为了达到丰富的颜色效果，可以将多种媒染剂混合染色，会得到各媒染剂得色的中间色。以铜媒染剂、亚铁媒染剂、铝媒染剂两两同比例混拼为例，对麻织物用苏木染料进行染色，得到的色相如图 3-75 所示。

L:42
a:5
b:-15

苏木·麻·铝 3%+ 铜 3% 混媒染

L:57
a:10
b:-2

苏木·麻·铝 3%+ 亚铁 3% 混媒染

L:40
a:4
b:-15

苏木·麻·铜 3%+ 亚铁 3% 混媒染

图 3-75　多媒法苏木染色色相

3. 套染

所谓套染就是先染一种颜色再套染另一种颜色，这也是中国古代劳动人民总结出来丰富色相的一种方法，如先染黄柏，再套染靛蓝；先染红花，再套染黄柏；先染栀子黄，再套染红花等。但是套染时先后次序不同，得色就不同。

在明矾媒染剂下，对真丝织物进行染色，以姜黄、苏木两种染料套染为例，染色色相如图 3-76 所示。

温馨提示：

　　制备姜黄和苏木染液时的料液比均为 1 ：20。

L:33
a:34
b:19

L:43
a:17
b:23

先姜黄后苏木套染·丝·铝媒染　　　　先苏木后姜黄套染·丝·铝媒染

图 3-76　姜黄与苏木套染色相

4. 混染

所谓混染是将两个染料混合在一个染浴中染色，这在合成染料中常常使用。但是它要求上染速度一致的两个染料才可以混合，植物染料大多上染性能差异大，两个染料混染后得不到预先设计的颜色，因此需要反复摸索某一染料的特性，以便准确把握两个染料混合后的染色效果。这里以栀子黄、栀子蓝、高粱红三个染料（红、黄、蓝）两两混合为例进行介绍。

将栀子黄、栀子蓝、高粱红三个染料的粉末状色素按不同比例两两相互混合后，溶解得到染液。在明矾媒染剂下，对真丝织物进行染色，混染得到的色相如图 3-77~ 图 3-79 所示。

L:71
a:4
b:68

L:66
a:-2
b:57

L:52
a:-7
b:35

5% 栀子黄 +0.5% 栀子蓝·丝·铝媒染　　　5% 栀子黄 +1.5% 栀子蓝·丝·铝媒染　　　5% 栀子黄 +3% 栀子蓝·丝·铝媒染

图 3-77　栀子黄与栀子蓝混染色相

L:53
a:19
b:5

1% 高粱红 +5% 栀子蓝·丝·铝媒染

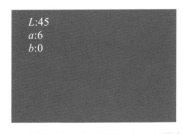

L:45
a:6
b:0

0.2% 高粱红 +5% 栀子蓝·丝·铝媒染

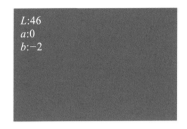

L:46
a:0
b:-2

0.1% 高粱红 +6% 栀子蓝·丝·铝媒染

图 3-78　高粱红与栀子蓝混染色相

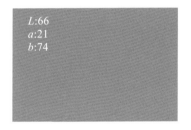

L:66
a:21
b:74

4% 栀子黄 +0.05% 高粱红·丝·铝媒染

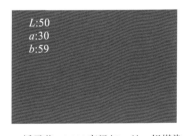

L:50
a:30
b:59

4% 栀子黄 +0.2% 高粱红·丝·铝媒染

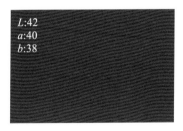

L:42
a:40
b:38

4% 栀子黄 +1% 高粱红·丝·铝媒染

图 3-79　栀子黄与高粱红混染色相

　　事实上，除了媒染剂种类、媒染剂浓度等对植物染料染色结果有影响外，染液浓度、溶液 pH、染色时间、染色温度等都对染色后布面颜色的明度、纯度、甚至色相有影响，因此染色爱好者可以反复多加尝试。

植物染料的色泽高雅、柔和悦目。如采用单色染色，凸显其独特的色彩特点，但单色略显单调。如采用特殊染色技法，进行艺术设计，能够获得更加丰富、活泼而富有个性化的艺术效果。本章采用吊染、扎染、手绘等技法，对植物染料染色的花型图案与产品进行了设计与开发。

植物染料染色的艺术效果设计与实践

第四章

第一节　吊染效果的设计与实践

一、吊染概述

　　吊染工艺，作为一种深受消费者欢迎的特殊染色技法，可使面料和服装获得由浅渐深或由深至浅的渐进、柔和、朦胧的视觉效果。

　　吊染较多地应用在成衣、成品及定长面料上，如针织T恤、毛衫、方巾、长围巾、裁剪好的衣片、窗帘、窗纱，甚至袜子、手套等产品，当然也可用于缕纱的染色。

　　吊染染色时，根据面料或服装设计要求仅使面料或服装着色的一端接触染液，染料的吸入主要靠毛细管效应，随毛细管效应上升的染液吸附到纤维上，由于染料的优先吸附性，越向上染液中剩余染料越少，因此就产生了一种由深到浅逐渐过渡的染色效果。在吊染中，很重要的一点是染色过程中吊挂的染物必须上下摆动，以使染物的上色量逐渐增多，颜色渐变、过渡柔和。吊染上色原理与一般染色相同，只是在加工手段上有所区别。

　　此外，以渐变色彩为背景，将吊染与刺绣、贴亮片或人造水晶、印花等装饰性手段相结合，可获得更加丰富的视觉效果（见第五章第二节图5-11作品）。

①围巾称重。

二、吊染准备及工艺流程

　　效果图设计→面料选择与准备→工艺设计→上夹→吊挂→染色→固色→皂洗→漂洗→晾干→熨平→成品。

　　吊染用工具：除常规染色工具（见第二章第二节）外，还需要一根塑料或不锈钢管、试样夹若干，钢管长度宽于染色宽度、粗细保证不断、不过于沉重即可。

　　吊染用布需先按照第二章第二节的方法清洗，清洗后干燥待用。

三、吊染工艺的实现

　　以苏木染苎麻围巾单色渐变（中间浅、两头深）效果为例（图4-1）。

②围巾在水中清洗、浸泡，充分润湿，挤掉多余水分或脱水甩干，待用。

③按照浴比（1∶50）量取一定量的染液，倒入染色容器中。容器口尽可能大，保证围巾在染色过程中不打绺。

④将围巾平整地挂在一根塑料或不锈钢管上，两端对齐。

⑤围巾缓慢进入染锅，初次染色高度不要超过围巾一半长度的三分之一，缓慢地在染液中上下摆动，反复十余次后开始加热。

⑥随着染锅温度逐渐升高，最终达80℃，围巾仍然反复并缓慢地在染液中上下运动，染色高度逐渐升高。染色30min后达到围巾一半长度的二分之一处。

⑦染色达30~45min后，在染锅中加入媒染剂（明矾），充分搅拌均匀，待染。

⑧围巾仍然反复并缓慢地在染液中上下运动，染色高度逐渐升高，最终达到围巾一半长度的三分之二处。媒染45min后，将整根围巾投入染液中，快速在染液中浸透、取出，当然围巾中部亦可留白。

⑨取出的围巾投入清水中洗涤，在皂液中充分洗去浮色。挤掉多余水分或脱水甩干，晾干，成为成品。

图4-1 吊染的操作步骤

四、吊染效果的设计

吊染染色根据颜色的种类数，分为单色和双色（或多色）。单色吊染是最简单的吊染方法，只需进行一次染色即可。单色吊染染色步骤虽简单，但根据工艺设计的不同亦可以达到不同的效果。

为了获得一端颜色深、一端颜色浅的吊染效果，只需将面料的一端悬挂，另一端浸入染液中上下摆动即可，如图4-2所示。染液浓度确定后，颜色深浅取决于染色的时间。

由中间向两端由浅至深过渡的单色吊染效果需要将面料进行折叠，中间悬挂、两端浸入染液进行染色。若颜色从中间向两端由深至浅过渡，是将颜色浅的两端进行悬挂，中间垂下部分浸入染液进行染色，染色效果如图4-3所示。

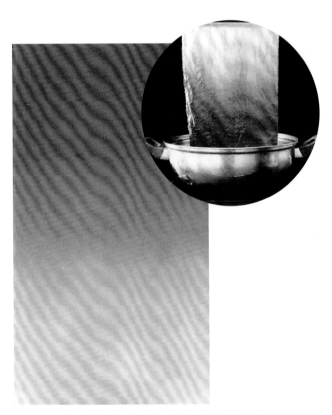

图4-2　从一端向另一端由浅至深过渡的单色吊染过程及效果

图4-3　从中间向两端由深至浅过渡的单色吊染过程及效果

相比单色吊染，多色吊染操作过程较为烦琐。需要将不染色的一端（或中间端）卷起，甚至包裹起来以防沾色，染好一个颜色干燥后再染另一个颜色。进行多色吊染时，应注意颜色变换和染料的遮盖力。后染的颜色会与先染的颜色发生混合，从而生成一种新颜色，有的染料上色后遮盖力很强，有的则很弱。这些问题，在设计之初都应考虑全面。双色吊染过程及效果如图 4-4 所示。

图 4-4　栀子黄与栀子蓝的双色吊染过程及其效果

温馨提示：

　　①吊染时，试样展平不要折叠染色。

　　②吊染试样染色时的染料用量可少于浸染，根据被染物的颜色要求，适当减少染料用量，或调整染色时间。

第二节　扎染效果设计与实践

一、扎染概述

扎染是采用缝、扎、绞、包、缠、折、夹等手法，人为地制造出物理防染效果，在浸染过程中通过物理性防染作用，使面料染色后产生出随意、自然、精致的防染图案效果，这种效果是印花手段无法仿效的。扎染图案的染色与未染色之处，对比要强烈，所以染色浓度要比普通染色的浓度稍大，选择植物染料中较浓艳的颜色效果会更好。

二、扎染工艺流程及工具

1. 工艺流程

图案设计→面料选择→扎结→浸泡（蒸馏水）→染色→固色→皂洗→拆线→漂洗→晾干→熨平→成品。

因植物染料上染率较合成染料低，染色过程完成后一定要先皂洗、后拆线，否则皂洗下来的颜色可能会对扎染试样的防染部位发生沾色，影响颜色的对比度。若对染色牢度要求较高，可以先皂洗、后拆线、再皂洗，这样浮色去除彻底。

2. 扎染用工具

各种粗细的棉线、麻绳；缝纫针；木板、竹片、竹夹或竹棍以及各种不同形状的用于夹持的物品。

三、扎染基本技法

1. 不同的打结法

打结法是最基本的扎染技法，不需要借助任何工具。打结的粗细、长短、宽窄，随设计而使用，染色后显现出圆形、方形、菱形或自由形，花纹呈大小不一的图案。打结的力度不能太紧也不能太松，太紧不易解开，太松不能形成花纹。不同的打结法如图 4-5 所示。

 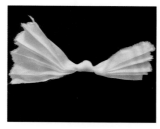  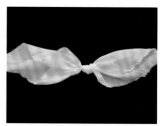

①长条打结法　　②长条折叠打结法　　③中心打结法　　④斜角打结法

图 4-5　不同的打结方法

2. 不同的捆扎法

捆扎法也是较为基础的扎结方法，需要借助绳线来进行操作。

自由塔形扎：自由塔形扎是非常方便的扎法。扎制时只需任意提起织物的一角，用线自由捆扎，捆扎线长短粗细自定，捆扎要紧，但不要太密，否则就少了扎染的色晕感。自由塔形扎方法及其纹样效果如图4-6所示。

环形扎：环形扎是塔形扎的变形，扎结出的纹样相对于塔形扎法变化更大些，根据捆扎的粗细，捆扎线迹的不同而形成不同的图案。不同的环形扎方法及其纹样效果如图4-7所示。

图4-6　自由塔形扎及其效果

①织物状态

②环形扎法一

③环形扎法二

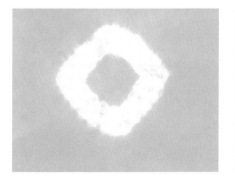

④扎法一效果

⑤扎法二效果

图4-7　环形扎法及其效果

3. 不同的缝扎法

选用普通的缝衣针和较为结实的线，按所设计的图形外轮廓进行平缝，针脚间距离一般设定在 0.5~1 厘米之间，针脚太密或太稀，效果都不理想。平缝时每一个基本图案单元从头至尾由一根线完成，中途不要打结，以便收线。如果图案比较复杂，应分解成简单的几何图案。待所有的图案基本单元都分别平缝好后，就可以分别进行捆扎，一般是先捆扎小图案，后捆扎大图案。

单层串缝：此法是最基础的线扎，只需依据设计好的线迹进行缝扎（图 4-8）。另有跳针串缝，和单层串缝基本一样，只是改变了针脚的距离（图 4-9）。

折叠串缝：将织物折叠后进行串缝。有对折串缝、三折串缝和四折串缝（图 4-10），它们之间只是折叠方法不同。串缝时针脚大小参照单层串缝，走针离折边距离一般为 0.3~0.5 厘米效果较佳。不同的折叠串缝纹样效果如图 4-11 所示。

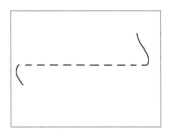 

图 4-8 单层串缝及其效果

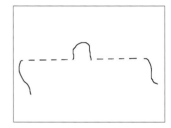 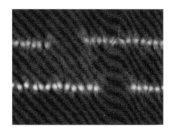

图 4-9 跳针串缝及其效果

 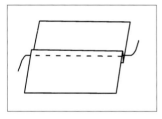

①对折串缝　　　　②三折串缝　　　　③四折串缝

图 4-10 折叠串缝方法

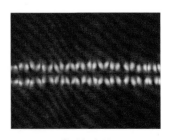  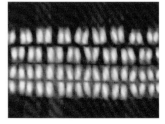

①对折串缝　　　　②三折串缝　　　　③四折串缝

图 4-11 折叠串缝效果

梅花串缝：扎染串缝线既可以走直线也可以走曲线。梅花串缝因其花纹效果如中国画中的"梅花点"而得名（图4-12）。制作方法是将面料对折后，沿折边曲线行针，一般每个半圆弧只需走3~5个针脚即可，也可以增加针脚，按大圆弧行针，图4-12。与梅花串缝类似的纹样还有方胜串缝（图4-13）。

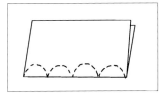 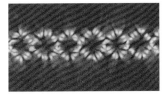

图4-12　梅花串缝及其效果

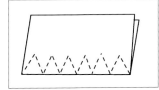 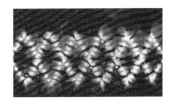

图4-13　方胜串缝及其效果

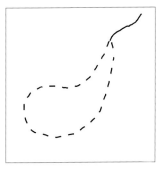 

①串缝　　　　　　②捆扎

火腿纹样：缝扎法不仅可以得到线迹类图案，还可以与塔形扎等结合形成一定的图案。在缝制火腿纹样时，入针点与出针点应在同一点上，缝线抽紧后中间的面料做自由塔形扎。火腿纹样制作过程及效果如图4-14所示。

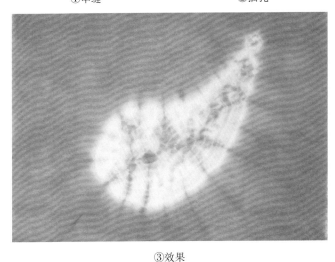

③效果

图4-14　火腿纹样的制作过程及其效果

满针缝：满针缝是在整个图案内按照一定的规律进行密集的串缝，再分别把各段抽紧并打结固定。满针缝分为平行满针法、错位满针法、自由满针法三种（图4-15）。制作满针缝时，应注意行与行之间的间隔，不能太近也不能太远，一般在1cm左右，厚型面料间距可大些，薄型面料间距应小些。满针缝效果如图4-16所示。

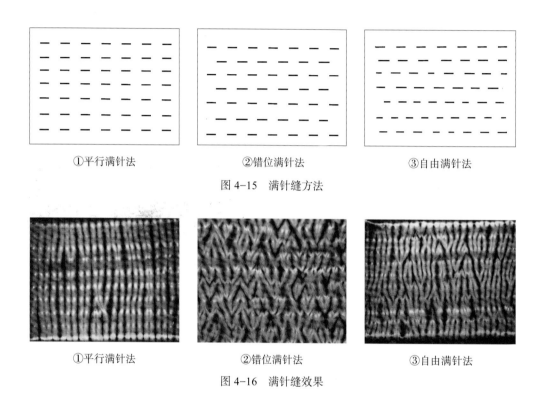

①平行满针法　　　　②错位满针法　　　　③自由满针法

图4-15　满针缝方法

①平行满针法　　　　②错位满针法　　　　③自由满针法

图4-16　满针缝效果

4. 不同的折叠方法

扎染作品在制作过程中往往需要对面料进行折叠，然后进行扎染，这样可形成连续性的图案。进行折叠的面料最好为薄型面料，折叠层数不宜太多，否则会造成外层与内层的颜色差异过大。以下是几种常用的折叠方法。

"屏风"式折叠法：面料按经向、纬向或斜对角方向运用"屏风"式折叠法折叠成长条（图4-17）。扎染后成二方连续性图案。

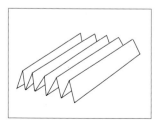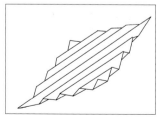

图4-17　"屏风"式折叠步骤

"九宫格"式折叠法：在图4-17"屏风"式折叠基础上再做屏风式折叠，就可获得四方连续性图案。折叠方法如图4-18所示。

　　"米字格"式折叠法：正方形织物按中心线对折后，再按对角线折叠，形成中心对称式纹样。折叠方法如图4-19所示。

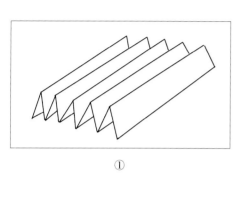 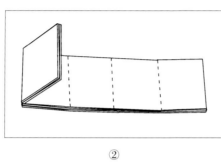 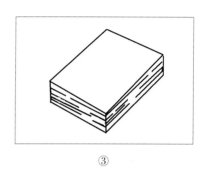

① ② ③

图4-18 "九宫格"式折叠步骤

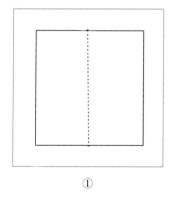 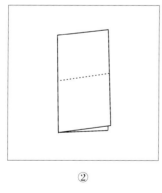 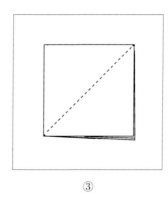 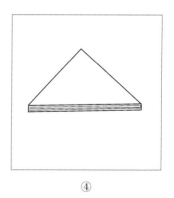

① ② ③ ④

图4-19 "米字格"式折叠步骤

5. 夹染的方法

　　夹染是依照设计意图，使用各类夹板、夹棍等进行防染。夹板可制作成长方形、圆形、三角形等，日常生活中使用的纽扣和钥匙等类也可以作为夹染工具使用。夹染作品往往为连续性纹样，面料在夹染前需要折叠设计。夹染操作时，夹板一定不能松动。

6. 卷压染的方法

圆棍卷压染：准备一根光滑的圆棍（可耐高温），然后将面料卷在棍子上，卷法可以多种多样，比如斜向卷、折叠卷等。面料卷好后，一端固定，将卷紧后的面料向固定好的一端挤压，用线固定使其不能反弹。斜向卷压染制作过程及其纹样效果如图4-20所示。卷压染操作的随机性较大，产生的花纹各不相同。

温馨提示：

卷压染时应注意以下几点：

①面料一般不宜太厚，卷的层数不宜过多。

②面料卷的紧度应该适中，太紧不容易将面料向一端挤压紧，太松则不能产生期望的效果。

③将卷紧后的面料向一端挤压时，应注意挤压后的松紧。挤压紧则产生的花纹细小，挤压松则产生的花纹粗大。同时也应考虑面料的吸水性等因素。

④先将白色面料进行染色，然后再做卷压染，可获得更丰富的颜色效果。

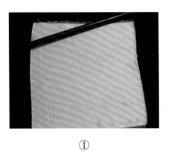   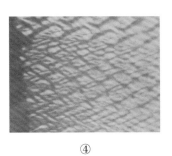

① ② ③ ④

图4-20 斜向卷压染制作步骤及其效果

"拧麻花"式卷压染：将面料的一端固定在一根圆棍上（可耐高温），面料自由拧卷或用"屏风"式折叠后再拧卷，边拧卷面料边将其绕在圆棍上，绕完后固定。面料拧卷和盘绕都不能太紧，否则会影响染色效果。"拧麻花"式卷压染制作过程及其纹样效果如图4-21所示。

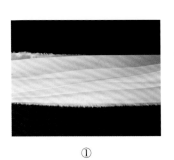   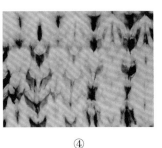

① ② ③ ④

图4-21 "拧麻花"式卷压染制作步骤及效果

回归自然 植物染料染色设计与工艺

7．综合技法

将捆扎、缝绞及夹板等多种技巧综合应用，不同的组合可得到丰富多彩的效果。

以上不同技法得到的纹样效果不同，且对扎染用材料的要求也不同。柔软的棉、真丝织物适用于各种技法；而毛织物大多稍厚，过于细致的缝合线迹，会给抽紧带来不便；麻织物脆性大，细致的缝合、抽紧、捆扎会损伤材料。

四、扎染图案设计实例

1．纹样一（图 4-22）

染色用布：纯棉针织布；染料配方：料液比 1：20 苏木；媒染剂：硫酸铝钾（Al^{3+}）。

步骤：

①按预先设计的图形，在图 4-22 ①中的 A、B、C、D、E 区域边框做串缝（图 4-22 ②）。

②逐个抽紧做自由塔形扎（图 4-22 ③）。

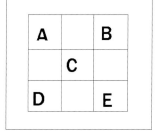

①

②

③

④

图 4-22　纹样一的图案设计与制作步骤

2. 纹样二（图4-23）

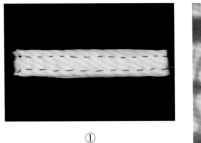

①

②

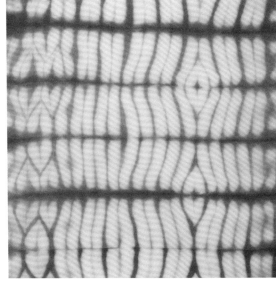

③

染色用布：真丝乔其纱；染料配方：2% 栀子黄 +6% 栀子蓝；媒染剂：硫酸铝钾（Al³⁺）。

步骤：

①将面料做"屏风"式折叠。

②做两行平行串缝，间距应小些。抽紧打结（图4-23 ①、②）。

图 4-23　纹样二的图案设计与制作步骤

3. 纹样三（图4-24）

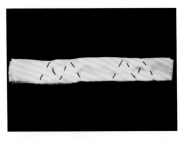

①

②

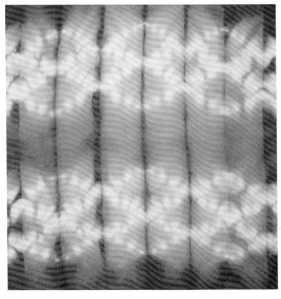

③

染色用布：真丝电力纺；染料配方：4% 栀子黄 +0.2% 高粱红；媒染剂：硫酸铝钾（Al³⁺）。

步骤：

①将面料做"屏风"式折叠，在其上做"M"形串缝（图4-24①）。

②将绳线抽紧打结（图4-24②）。

图 4-24　纹样三的图案设计与制作步骤

4. 纹样四（图4-25）

染色用布：真丝乔其纱；染料配方：5%高粱红；媒染剂：硫酸铝钾（Al^{3+}）。

步骤：

①将面料做"九宫格"式折叠（图4-25①）。

②用长条形夹板夹住方形面料相对两角，用线捆扎牢（图4-25②）。

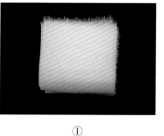

①

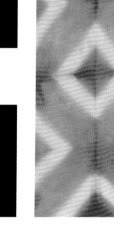

②

③

图4-25 纹样四的图案设计与制作步骤

5. 纹样五（图4-26）

染色用布：真丝电力纺；染料配方：5%栀子黄+1%栀子蓝；媒染剂：硫酸铝钾（Al^{3+}）。

步骤：

①将面料做"九宫格"式折叠。

②在折叠后方形面料的一个对角各自做弧形串缝（图4-26①、②）。

③抽紧做塔形扎（图4-26③）。

①

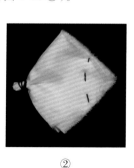

②

③

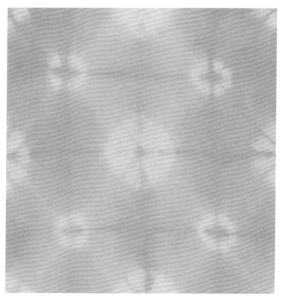

④

图4-26 纹样五的图案设计与制作步骤

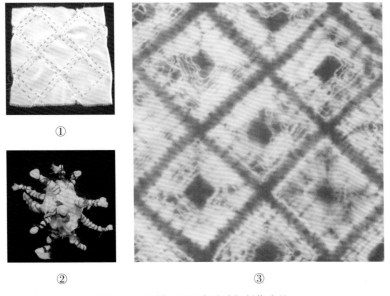

① ② ③

图4-27 纹样六的图案设计与制作步骤

6. 纹样六（图4-27）

染色用布：真丝乔其纱；染料配方：5%栀子蓝；媒染剂：硫酸铝钾（Al^{3+}）。

步骤：

①按照设计图，将菱形外轮廓做串缝（图4-27①）。

②依次抽紧，做自由塔形扎（图4-27②）。

7. 纹样七（图4-28）

染色用布：真丝乔其纱；染料配方：4%栀子黄+0.2%高粱红；媒染剂：硫酸铝钾（Al^{3+}）。

步骤：

①将方形面料先纵向对折，再横向对折（图4-28①、②），成正方形。

②将折叠后正方形面料的一角分成三等分，先向下折叠，再向上折叠（图4-28③、④）。

③另一边也采用同样的折叠方法，串缝曲线，抽紧捆扎几道（图4-28⑤、⑥）。

① ② ③

④ ⑤ ⑥ ⑦

图4-28 纹样七的图案设计与制作步骤

植物染料染色设计与工艺

回归自然

8. 纹样八（图4-29）

染色用布：真丝绉缎；染料配方：4% 栀子黄 +0.2% 高粱红；媒染剂：硫酸铝钾（Al^{3+}）。

步骤：

①将面料做"屏风"式折叠。在"屏风"折面料上做曲线形串缝（图4-29①）。

②抽紧打结（图4-29②）。

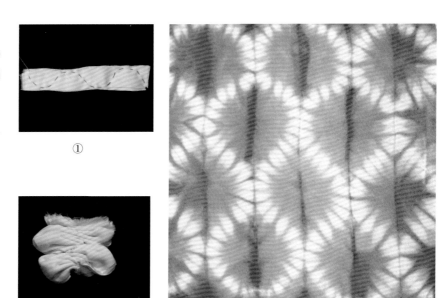

①

②

③

图4-29 纹样八的图案设计与制作步骤

9. 纹样九（图4-30）

染色用布：真丝电力纺；染料配方：3% 栀子黄 +3% 栀子蓝；媒染剂：硫酸铝钾（Al^{3+}）。

步骤：

①将布料对折，按设计好的蝴蝶图案做串缝（图4-30①、②）。

②将蝴蝶触角及身体部分抽紧打结，将翅膀处抽紧做自由塔形扎(图4-30③)。

①

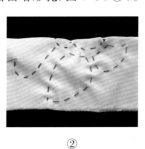

②

③

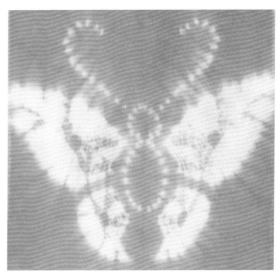

④

图4-30 纹样九的图案设计与制作步骤

10. 纹样十（图4-31）

染色用布：纯棉针织布；染料配方：料液比1：20紫洋葱皮；媒染剂：硫酸亚铁（Fe^{2+}）。

步骤：

①将面料对折成长方形，再做"屏风"式折叠（图4-31①）。

②在屏风折的基础上缝扎一个半圆形（图4-31②）。

③抽紧缝线，把半圆形外的部分顺势捆扎几道（图4-31③）。

①

②

③

④

图4-31 纹样十的图案设计与制作步骤

11. 纹样十一（图4-32）

染色用布：真丝乔其纱；染料配方：料液比1：20紫洋葱皮；媒染剂：硫酸铜（Cu^{2+}）。

步骤：

①将面料做"屏风"式折叠（图4-32①），做两条串缝线（图4-32②）。串缝的两条线间距小些能够使纹样精致。

②将缝线抽紧打结（图4-32③）。

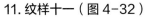

①

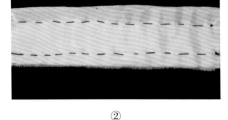

②

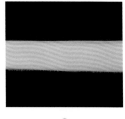

③

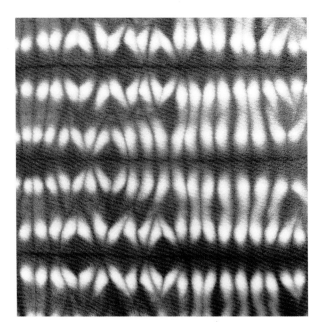

④

图4-32 纹样十一的图案设计与制作步骤

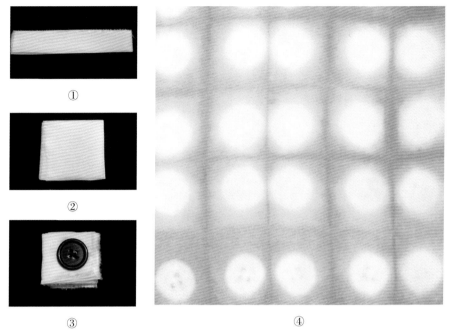

① ② ③ ④

图 4-33　纹样十二的图案设计与制作步骤

12. 纹样十二（图 4-33）

染色用布：真丝电力纺；染料配方：2.5% 栀子黄 +2.5% 栀子蓝；媒染剂：硫酸铝钾（Al^{3+}）。

步骤：

①将面料做"九宫格"式折叠（图 4-33 ①、②）。

②用一对大小相等的纽扣夹住折叠后的面料，纽扣的位置要对称。固定纽扣（图 4-33 ③）。

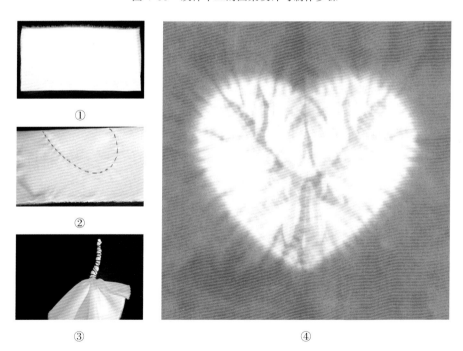

① ② ③ ④

图 4-34　纹样十三的图案设计与制作步骤

13. 纹样十三（图 4-34）

染色用布：真丝电力纺；染料配方：4% 栀子黄 +0.2% 高粱红；媒染剂：硫酸铝钾（Al^{3+}）。

步骤：

①将面料对折，做半边心形串缝（图 4-34 ①、②）。

②将缝线抽紧，心形内部做自由塔形扎（图 4-34 ③）。

①

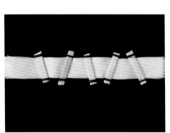

②

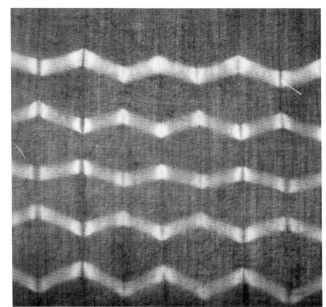

③

图4-35　纹样十四的图案设计与制作步骤

14. 纹样十四（图4-35）

染色用布：100% 苎麻细平布；染料配方：料液比 1:20 紫洋葱皮；媒染剂：硫酸铝钾（Al^{3+}）。

步骤：

①将面料做"屏风"式折叠（图4-35①）。

②用长方形夹板按预先设计夹住两端捆扎牢固(图4-35②)。

①

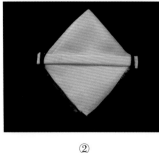

②

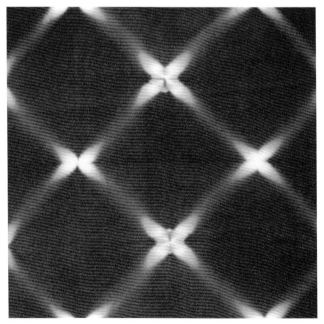

③

图4-36　纹样十五的图案设计与制作步骤

15. 纹样十五（图4-36）

染色用布：真丝乔其纱；染料配方：5% 高粱红；媒染剂：硫酸铝钾（Al^{3+}）。

步骤：

①将方形面料做"九宫格"式折叠（图4-36①）。

②用略有弹性的夹板夹固（图4-36②），由于夹板略有弹性，造成夹板两端紧，中间略松的状态，形成渐变的效果。

以上为单色图案，以下为多色图案。

16. 纹样十六（图4-37）

染色用布：真丝绉缎。

步骤：

①将面料预先染粉色。染料配方：5%高粱红；媒染剂：硫酸铝钾（Al^{3+}）。

②进行"屏风"式折叠，做小梅花串缝（图4-37①），缝线抽紧（图4-37②），染深红色。染料配方：料液比1：20苏木；媒染剂：硫酸亚铁（Fe^{2+}）。

①

②

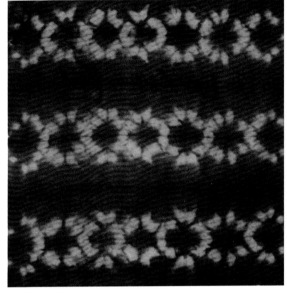

③

图4-37 纹样十六的图案设计与制作步骤

17. 纹样十七（图4-38）

染色用布：真丝电力纺。

步骤：

①先将面料染黄绿色。染料配方：3%栀子黄+3%栀子蓝；媒染剂：硫酸铝钾（Al^{3+}）。

②将面料做卷压染（图4-38①、②）染棕红色。染料配方：料液比1：20苏木；媒染剂：硫酸亚铁（Fe^{2+}）。

①

②

③

图4-38 纹样十七的图案设计与制作步骤

18. 纹样十八（图 4-39）

染色用布：真丝乔其纱。

步骤：

①将方形面料做"屏风"式折叠，在"屏风"折面料上做自由满针缝（图 4-39①～③），捆扎后染橙色。染料配方：4% 栀子黄 +0.2% 高粱红；媒染剂：硫酸铝钾（Al^{3+}）。

②染色后烘干（不要将面料拆开），将其余部分顺势理好，用线捆扎牢固（图 4-39④、⑤），染棕红色。染料配方：料液比 1：20 苏木；媒染剂：硫酸亚铁（Fe^{2+}）。

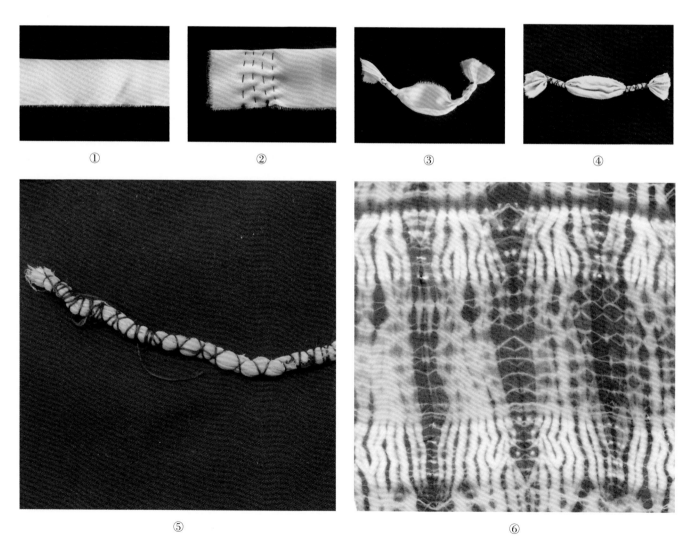

① ② ③ ④

⑤ ⑥

图 4-39 纹样十八的图案设计与制作步骤

回归自然
植物染料染色设计与工艺

19. 纹样十九（图4-40）

染色用布：真丝电力纺。

步骤：

①面料预先染橙色（图4-40①）。染料配方：4%栀子黄+0.2%高粱红；媒染剂：硫酸铝钾（Al^{3+}）。

②将面料浸湿，任意抓皱，用稀疏的面料（图4-40③中白色面料）或者尼龙网等将抓皱后的面料包裹在里面，用线捆扎紧（图4-40②、③）。包裹的越紧，染色的部分越小，反之越大。染蓝色。染料配方：6%栀子蓝；媒染剂：硫酸铝钾（Al^{3+}）。

③染蓝色后拆开、烘干（图4-40④），依照步骤②，再次操作，染棕红色（图4-40⑤）。染料配方：料液比1：20苏木；媒染剂：硫酸亚铁（Fe^{2+}）。

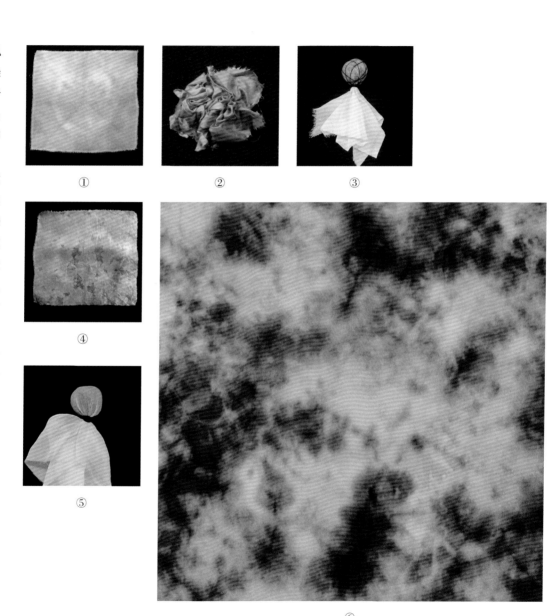

①

②

③

④

⑤

⑥

图4-40　纹样十九的图案设计与制作步骤

20. 纹样二十（图4-41）

染色用布：真丝乔其纱。

步骤：

①将面料做"九宫格"式折叠（图4-41①）。

②在折叠后一角做弧线串缝（图4-41②），抽紧捆扎几道（图4-41③），染红色（图4-41④）。染料配方：5%高粱红；媒染剂：硫酸铝钾（Al^{3+}）。

③染红色后，将弧线内的部分做塔形扎（图4-41⑤），注意捆扎应密实。染深红色（图4-41⑥）。染料配方：料液比1：20苏木；媒染剂：硫酸亚铁（Fe^{2+}）。

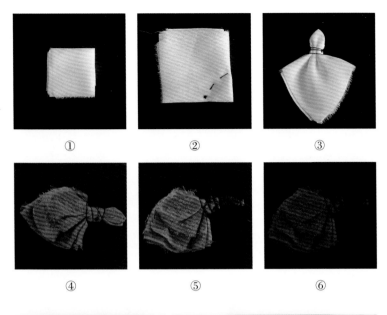

①   ②   ③

④   ⑤   ⑥

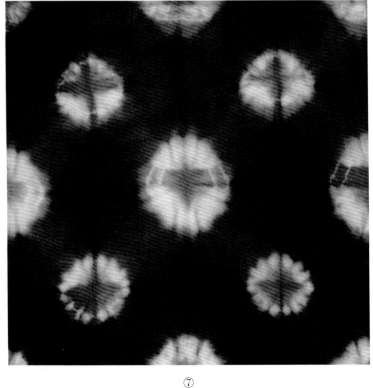

⑦

图4-41 纹样二十的图案设计与制作步骤

21. 纹样二十一（图4-42）

染色用布：真丝电力纺。

步骤：

①将正方形面料做"九宫格"式折叠（图4-42①）。

②用长条形夹板夹住折叠后正方形面料的两个角
（图4-42②），染黄色。染料配方：3%栀子黄；
媒染剂：硫酸铝钾（Al^{3+}）。

③将染后的面料烘干，按原方法折叠，避开白色部分，
用夹板夹住折叠后方形面料两角（图4-42③、④），
染蓝色。染料配方：6%栀子蓝；媒染剂：硫酸铝钾
（Al^{3+}）。

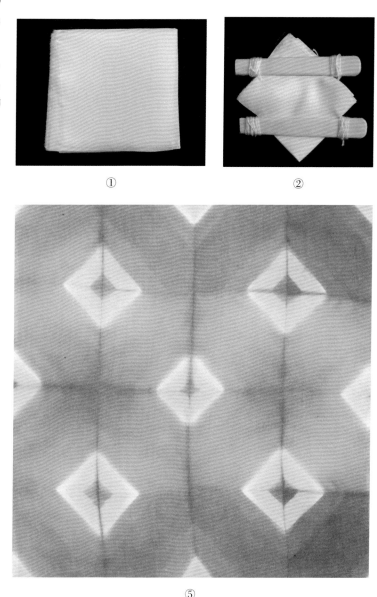

图4-42　纹样二十一的图案设计与制作步骤

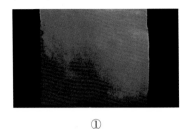

①

②

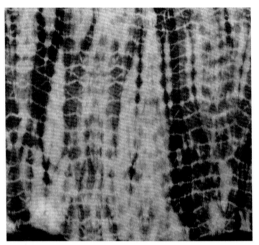

③

图4-43　纹样二十二的图案设计与制作步骤

22. 纹样二十二（图4-43）

染色用布：真丝绉缎。

步骤：

①预先将面料染成蓝色（图4-43①）。

染料配方：5%栀子蓝；媒染剂：硫酸铝钾（Al^{3+}）。

②将面料沿一边顺势理顺，如图4-43②所示用绳线捆扎好，染棕红色。染料配方：料液比1：20苏木；媒染剂：硫酸亚铁（Fe^{2+}）。

23. 纹样二十三（图4-44）

扎染时，可以将不需要染色的部位包裹起来防染。

染色用布：真丝绉缎。

步骤：

①预先设计效果图(图4-44①)，将D区域做环形扎(图4-44②)。

②将C区域包裹好（图4-44③），染黄色。染料：3%的栀子黄；媒染剂：硫酸铝钾（Al^{3+}）。

③染后将C区域解开，包裹A区域（图4-44④）。染蓝色。染料：5%栀子蓝；媒染剂：硫酸铝钾（Al^{3+}）。

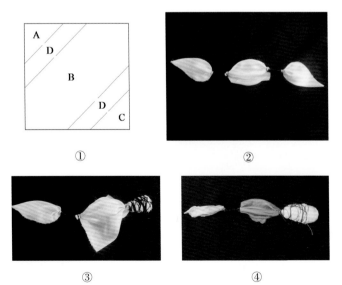

①　　　　　　　②

③　　　　　　　④

⑤

图4-44　纹样二十三的图案设计与制作步骤

24. 纹样二十四（图4-45）

染色用布：真丝绉缎。

步骤：

①预先设计好工艺效果图（图4-45①）。做"米字格"式折叠。

②将A区域捆扎（图4-45②）。染黄色。染料：5%栀子黄，媒染剂：硫酸铝钾（Al^{3+}）。

③染后，将B区域捆扎（图4-45③）。染蓝色。染料：6%栀子蓝，媒染剂：硫酸铝钾（Al^{3+}）。

④染后，将C区域捆扎（图4-45④）。染红色。染料：5%高粱红，媒染剂：硫酸铝钾（Al^{3+}）。

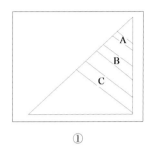

①

②

③

④

温馨提示：

①多色扎染需要进行多次染色，染色时应先上染浅色后染深色或将不需要染色的部位包裹起来。

②重叠染色时应考虑两种颜色混染可能产生新颜色的问题，如黄色面料染红色可生成橙色。

③重叠染色时应考虑颜色覆盖的问题。植物染色时，有的染料上色后遮盖力很强、有的则很弱。如想要在栀子蓝染色的蓝色纺织品上，用高粱红染紫色，那么高粱红的用量要非常小，如果用量大则直接形成红色。

⑤

图4-45 纹样二十四的图案设计与制作步骤

第三节 手绘效果设计与实践

一、手绘概述

手绘是直接在纺织品上绘制装饰纹样。人类在印花出现之前，就采用手绘的方式装饰织物外观。手绘的纺织品纹样与织造或印染的纹样相比，更为灵活、富有个性。植物染料的色泽淡雅、明度不高，如果用较稀的植物染料染液手绘，颜色极易晕开，绘制出来的纹样颇有中国水墨画的意境；如果要绘制精细图案，需要在手绘染液中加入糊料。另外，植物染料手绘后的纺织品色牢度低，需采用汽蒸的方式固色。

手绘在真丝绸上效果最佳，亦可绘在棉制 T 恤衫上。

二、手绘准备及工艺流程

图案设计→面料选择与预处理→绷布上框→染液配置（加入糊料、媒染剂）→图案绘制→晾干→汽蒸固色（40min）→皂洗→水洗→干燥→成品。

手绘工具：绷架、木框等辅助工具用于固定面料，各种规格毛笔、排刷，以及蒸锅等。

三、手绘效果的实现

手绘效果的设计制作步骤如下：

1. 平整固定面料

绘制所用的布料应进行充分的前处理，以便使染料能够更好地浸润、上染纤维。手绘时面料应烫平，最好绷在预先准备好的木框上。固定面料的方法很多，采用何种方法，应根据面料的大小而定，一般小幅作品最好用木框和图钉固定，大件作品可使用简易固定架或落地固定架。

2. 染液的准备

手绘用植物染料在配制时要将媒染剂、糊料一起加入，搅拌均匀；所用的染液浓度比浸染的浓度要高得多，选用染液的浓度，应根据设计要求而定。染液的浓度要比所需的画面颜色稍浓一些，因为染液在湿态时要比干态时显得深一些。最好在正式绘制之前，先用布条做一下染液深浅度的试验。

3. 图案绘制

待各染液的温度降下来以后，便可在面料上按事先的设计构思进行手工绘制。

4. 自然吹干

手绘后自然吹干。在我国北方气候干燥，一般 1 ~ 2h 可干；在我国南方，气候比较潮湿，有时要半天至一天才干。

5. 蒸化固色

待画面完全干燥以后，把面料从固定架上取下来，在面料的正、反面各覆盖一层旧报纸或旧布，根据蒸锅的大小进行手风琴式折叠，以便汽化。折叠成长条以后，再按手风琴式折叠成方块形状，然后用一块旧棉布包裹好，放入锅里蒸化。面料需在 6.68×10^4 ~ 7.84×10^4Pa（0.7 ~ 0.8kg/cm^2）的蒸汽压力条件下汽蒸 30 ~ 45min。

6. 后整理

汽蒸完成以后，用清水洗去浮色，反复冲洗干净并干燥。

四、手绘效果的设计实例

手绘效果图的设计实例见图 4-46 ~ 图 4-48。

图 4-46　手绘作品实例（钟凯悦绘制）

图 4-47　手绘作品实例（手绘＋扎染）（张亚军绘制）

图 4-48　手绘作品实例（手绘＋扎染＋吊染）（张亚军绘制）

植物染料染色取之自然、表现自然、回归自然。其染料源于自然，可持续再生；其色彩柔和，与自然和谐，色彩艳而温和，暗而高雅；其加工对环境没有污染和破坏；其使用对着装者的皮肤没有刺激，部分染料对人体还有一定的保护（如靛蓝的防虫功效）或保健作用。

在我国古代，植物染色从秦汉到明清时期在民间均广泛使用，特别是少数民族地区一直使用着各种植物染技艺，甚至保存至今，给我们留下了宝贵的财富。从中既可以看到我国古代植物染技艺的成熟与精湛，更可以欣赏到优秀的艺术设计作品。现代人审美情趣、服饰着装需求发生变化，但是植物染色产品依然被现代人所青睐，当然植物染色设计作品也要迎合当代人对服装服饰的审美与要求而调整设计理念。

第五章

植物染料染色的服饰作品设计与赏析

第一节　中国传统服饰作品欣赏

经过几千年的传承，我国古代各民族的服饰形成了各自独特的色彩体系和服饰风格，在我国悠久的历史长河中留下了灿烂的篇章并广泛流传。我国传统服装多以手织土布、织锦为服装面料，对面料进行拼缝，或者在单色面料上进行局部刺绣、满身绣，再或者在服装边缘及结构线上装饰手工织造的饰边、织带进行点缀，丰富服装的色彩及其样式，给人留下色彩纷呈、多姿多彩的视觉美感。

在我国传统的植物染色技艺中，单色染、蜡染、扎染为最常见的染色技法。单一素色染色产品以着色均匀一致、色彩饱满为上品。蜡染、扎染结合图案进行变化，大大改变了服装的花色，此种方法既丰富了面料的色彩图案，又比刺绣、织锦更方便快捷，并可以使色彩变幻又不改变面料的柔软性，因此广为使用。

天然染色的色牢度总体来看低于化学染料，因此近代在许多少数民族地区也开始使用化学染料染色，使得一些很好的传统染色技艺失传，很令人惋惜。在欣赏中国传统经典作品的同时，也呼唤传统技艺的保护与传承。

图5-1所示服装是19世纪晚期，山西地区的汉族六色缎窄袖女袄。六色缎分别为天蓝色、淡绿色、蛋黄色、土黄色、朱红色、藏青色六色染色而成，通过菱形拼布手法形成

图5-1　19世纪晚期汉族六色缎窄袖女袄（北京服装学院民族服饰博物馆藏品）

具有立体视觉效果的图案，因色彩交错形如水田，又称为"水田衣"。该设计大胆时尚，打破了以往汉族服饰图案布局和用色的方法，色彩艳丽又不失典雅稳重，巧妙地利用了色彩的深浅和冷暖色调，使图案产生了立体效果，图案在衣身上进行斜向排列，与斜向衣襟相呼应。

19世纪下半叶，合成染料在德国率先研制成功，但真正传到各个国家还需要一段时间，而这时我国植物染技术达到炉火纯青的地步，能够利用植物染色技术染出如图5-1所展示的、如此绚丽色彩已不是难事，红、黄、蓝、绿色彩齐全，并进行不拘一格的大胆碰撞，创意新潮。

图5-2是一件19世纪中期山西汉族的彩色缎镶拼肚兜，它是用13片黑、白、红、蓝、橙、绿的彩色缎组成的百衲衣。百衲衣是为祈望小孩平安成长而专门制作的一种服装，所用布料是从各家寻来的，寄托了母亲对孩子的期望与祝福。由于是寻来的布料，所以布料的颜色各式各样。但从这件肚兜中，可以看出当时的植物染色技术已经可以染出非常丰富的色彩，从布色到深浅不一的绣花线颜色，可以归纳出20种色彩，再结合吉祥的

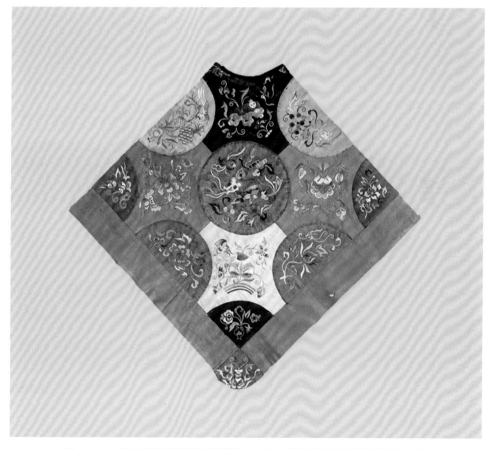

图5-2　19世纪中期汉族彩色缎镶拼肚兜（北京服装学院民族服饰博物馆藏品）

传统图案，把一件小小的肚兜表现得丰满、活泼。尤其是，距离现在近150年之久，色彩的艳丽仍旧可见。

图5-3所示是一件18世纪中期的立领女袄，大襟、广袖，袖根造型颇具宋明服装之遗风，领圈、前襟、开衣叉和底摆部位是金黄色的如意头边饰，雍容华贵。湛蓝色绸缎衣身上采用五彩绣法绣出人物花卉十二团，色彩艳丽、绣花细腻精致。人物花卉十二团花装饰中人物与环境结合，错落有致，每团中花卉人物各异，寓意吉祥，加之整体造型宽大，充分显示了穿着者的尊贵端庄。

图5-3　18世纪中期的立领女袄（上图：正面；下图：背面）
（北京服装学院民族服饰博物馆藏品）

图 5-4 是一款典型的汉族大襟女袄，尽管外观朴素、简洁，也较少使用装饰手法，但色彩却很独特，是紫草染色在民间运用的实例。纯真的、大面积的紫色镶以黑色宽边，低调、不张扬，透露着高贵的气质。

图 5-4　汉族大襟女袄（北京服装学院民族服饰博物馆藏品）

图 5-5 所示的服装为 18 世纪中期的苗族丹寨古衣，以蓝靛布为面料，服装上积聚了多种装饰工艺，如堆花、贴花、挑花、蜡染、拼缝等工艺手段，将普通的蓝靛布衣装点得多姿多彩。衣袖、领口饰有黄色织锦，体现了服装的精美华贵，衣摆处的竖向彩条在服装色彩上起着平衡与调和的作用，较好的将肩部的粉红色贴花的强烈色彩进行了过度弱化处理，色彩和谐统一。纵观整件衣服既有局部的对比，又具备细节的精致与细腻，使服装从色彩的搭配到工艺的运用都具有较高的艺术价值。

局部

图 5-5　18 世纪中期的苗族丹寨古衣（北京服装学院民族服饰博物馆藏品）

图 5-6 所示服装是 19 世纪早期贵州省安顺市坝苗的盛装女衣裙，蝙蝠袖造型的宽大短肥的上衣，非常时尚新颖。服装的上衣为蓝靛色布，裙为黑色，上装为大领对襟，以红绒布为料作为大襟，方形、长方形等直线条布块点缀一身，将红色、黑色、白色、玫红色、绿色五种色彩进行对称式分布，给人以端庄稳重的印象。而锁绣出的金黄色的卷草龙纹中，可以细查到不对称的紫色十字花，给严谨的服装色彩增添了几分灵活。更值得一提的是裙子的下摆采用的是局部蜡染工艺，明亮简练的红、蓝、白三色的组合图案，与上衣形成了色彩呼应，加上腰间的织花腰带，大气随意地系在右侧，使整套服装华美绚丽。

图 5-6 19 世纪早期贵州坝苗盛装女衣裙（北京服装学院民族服饰博物馆藏品）

图 5-7 所示是一款 20 世纪早期贵州毕节地区苗族姑娘的挑花蜡染女裙。虽然从年代上看，这时期合成染料已经得到了应用，但其用色仍是蓝草的靛蓝色，亮丽的姜黄色，茜草的真红色，经典的红、黄、蓝三色搭配是植物染料的典型色彩。整件服装，以深蓝色打底，靛蓝色的麻布褶裙自然、朴实，上身以鲜艳色调的毛质披肩进行装饰，采用挑花、蜡染、镶嵌、编织等多种手法构造出精致的纹样，堪称是苗族服饰的经典之作。

图 5-7　20 世纪早期贵州花苗挑花蜡染女裙（北京服装学院民族服饰博物馆藏品）

图 5-8 所示是一件颇有特色的壮族土僚支系的女套装，上为小方领、右衽、青蓝色布的短上衣，肩部与中心位的图案装饰精致华丽，烟黄色与青蓝色底布对比衬托，加之背部的三角形拼布设计，朴素大气。下配的本白色长裙，边缘刺绣有抽象的花卉图案。浓郁色彩集中在上身，青蓝色、烟黄色、白色成为主体色，用色不多，富有对比与层次感，服装造型收放自如，图案花纹抽象，工艺精良，服装整体感强烈。

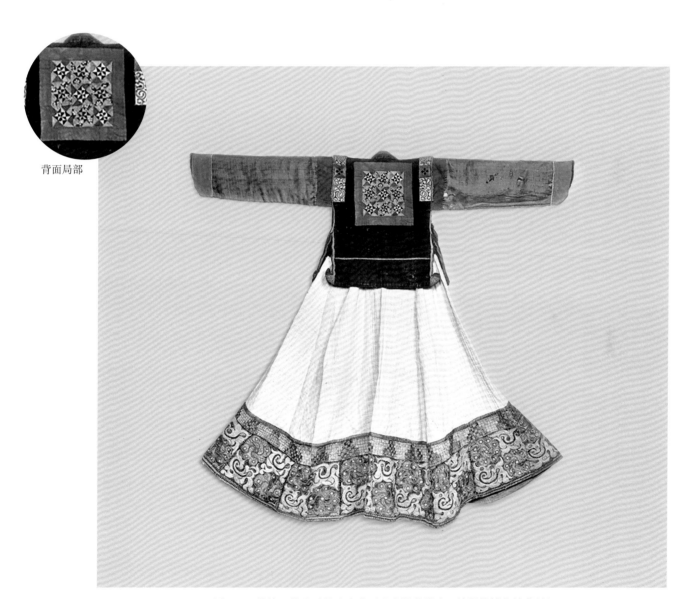

背面局部

图 5-8　壮族土僚支系的女套装（北京服装学院民族服饰博物馆藏品）

图 5-9 所示壮族几何纹锦来源于 18 世纪中期广西壮族自治区宾阳县。壮锦历史悠久，南宋时便有记载，自清朝以来，织锦成为壮族妇女必学的一种手艺。此幅织锦织工精细，配色典雅，历久色泽依旧亮丽，是壮锦中的上品。在菱形几何构架中设计有"王"字和"卍"字纹，富有微妙的变化和吉祥的寓意。

图 5-10 为 18 世纪晚期，广西壮族自治区环江县的毛南族凤鸟狮子纹锦。此锦工艺考究，黑底色上为"卍"字流水纹的底纹，配以粉色、黄色等艳丽色彩，以花垄织出，主体纹样为凤鸟、狮子、瓶花，和谐可爱，中间织有一条黄色饰带，为"卍"字不到头纹，寓意天长地久。

图 5-9　18 世纪中期壮族几何纹锦（北京服装学院民族服饰博物馆藏品）

图 5-10　18 世纪晚期凤鸟狮子纹毛南锦（北京服装学院民族服饰博物馆藏品）

第二节　现代植物染服饰产品的设计与开发

栀子、茶叶、紫草、苏木、洋葱皮、洋葱肉，这些生活中常见的植物染料，赋予服饰独特的色彩和自然底蕴，以衣物的形式展现植物的色彩语言。与此同时，给人类带来健康安全上的信心也给我们的生活带来安宁。

本节从内外衣服饰、配饰及其他生活用品等方面进行了开发，特别是作为植物染色技术最佳运用领域的内衣产品。同时，在配饰设计上的运用或许也会让你怦然心动。

一、服饰篇

图5-11所示的这款用栀子蓝混合栀子黄染出的蓝绿色渐变的真丝长裙，透着大家闺秀的雅致，色彩清新、亮丽，用对比色的红色围巾进行装饰。该羊绒围巾运用了高粱红色素吊染和贴亮片等多种装饰手法，非常典雅、高贵。

沉睡在自然的怀抱中，感受清风在耳边低吟浅唱的惬意。吊染工艺带来的富有层次的黄绿色渐变，利用了食料中的洋葱肉巧妙变化，一股清凉在空气中弥漫开来。应用示例如图5-12①所示。

图5-12②所示是一款高贵典雅的紫色睡裙，纯正的紫色自然是紫草的杰作，透露着自然独特的神秘光环，紫色的情怀、成熟的魅力引人流连，邀人遐想。

绿茶的清新绿意通过清水的荡涤传递到贴身的蕾丝内裤上，清新芬芳、幽幽袭人，自然的意蕴淡淡幽幽、长长久久，用身体来感知，用心灵去品尝。尽管是锦

图5-11　植物染裙子与围巾系列

纶的内裤，同样需要健康的保护，另外更不要忽略了锦纶的植物染色效果（图5-13①）。

　　浓艳的黄色仿佛迈阿密沙滩的色泽，浓浓的情谊热情如火，尽情享受日光浴的激情。这款花边抹胸是运用黄连染色的作品，黄连的使用更为穿着者增添了一重健康的保护（图5-13②）。

①吊染睡裙

②睡裙的紫色情怀

图5-12　吊带睡裙系列

①绿茶染内裤

②黄连染花边抹胸

图5-13　蕾丝内衣裤系列

图 5-14 ①所示背心令人想起军旅生涯的墨绿色，展现了强壮勇猛却沉默低调的一面，男子汉的气概在柔滑的莫代尔材质中潜行暗藏，积蓄涌动。

图 5-14 ②所示灰色的男士短裤在阳光下泛着淡淡的银光，沉静的阳光仿如心境淡泊的老者，看透来去的时光后，是一种不惑不疑的从容。

两款男士内衣裤以近年流行的莫代尔面料为材料，尽管染色手法单一，却简洁、阳刚、低调，不失为男性的优秀品质。

①墨绿色背心

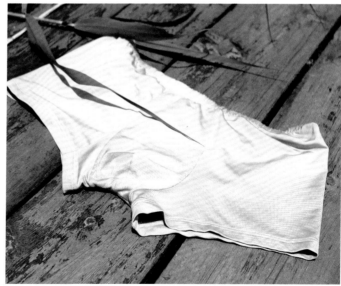

②银灰色短裤

图 5-14 男士莫代尔内衣裤

用靛蓝将纱线染成深浅不同的蓝色，再编织成服装（图5-15）。在此过程中，不同色彩纱线的随机组合，既有细节变化也获得服装整体效果。淡蓝色的上衣，为整套服装增添了几分含蓄，组织肌理的变换丰富了整体的视觉效果，开衩高腰的设计为含蓄增添了诱惑力，纯度对比和渐变效果形成蓝色的律动，搭配蓝色无领短开衫，使服装整体在蓝色调中趋于平衡。

在不同深浅的蓝色对比之间，有冷静而沉稳，有对比而活泼，理性中彰显着锐意进取。通过不同的组合搭配，营造出色彩丰富、不过于沉闷的效果。

图 5-15　靛蓝染色羊绒针织衫套装（李书艳设计并制作）

二、配饰篇及其他

  图5-16中的丝巾、围巾是批量生产产品。图5-16①吊染的丝巾从黄到蓝，柔和、跃动、青春。图5-16②中纯色的紫色羊绒围巾高贵、高雅、沉稳、成熟、尽显气质。产业化的产品、批量上市，特别是纯色产品，难度非常大，批量产品色彩的稳定性、一致性，色牢度达到了合成染料的水平，这无疑需要染料与工艺的无缝配合。

①真丝长巾

②羊绒围巾

图5-16　丝巾、围巾系列

图 5-17 ①②两款扎染项链用苏木染成，用色浓郁、暗雅，产品的情感基调较为哀伤落寞。而图 5-17 ③中的纯色项链却走的是成熟路线，仿如爱丁歌德干红葡萄酒的香醇，在简单的光影、沉稳的色泽中，体味生活的纯净美好。

①扎染项链

②扎染项链

③酒红色纯色项链

图 5-17　项链装饰物系列

图 5-18 中的少女包袋系列产品，包括花边包袋、咖啡染的卡包和扎染的口巾包共计三件作品。总体用色较为粉嫩，追求一种浅淡清新的风格，咖啡染卡包的香气仿如少女恬淡的体香，幽幽袭来，动人心扉；苏木染出的粉蜜肤色花边包袋，带着少女的粉嫩，睹物如见人；扎染的口巾包尽管风格有些忧伤，但无疑是少女们的珍爱，让女孩子们爱不释手。

①口巾包

②咖啡卡包

③花边包袋

图 5-18　少女包袋系列产品

靛蓝染色编织袋（图5-19）既时尚又实用，运用包芯棉线、镂空编结法制作而成。将植物染色技法与中国传统编结技法相结合设计开发现代流行产品，正是中国传统技艺在当下需要探索和尝试的。

寒冷的冬日，火红的靠垫可以带给你暖阳阳的惬意，也给家庭带来一抹亮丽的色彩。梅花针缝法的扎染靠垫，一针一线中透露着精致与爱意（图5-20）。

图5-19　靛蓝染色编织袋（李佳玉设计并制作）

图5-20　冬日靠垫

第三节 现代服饰作品的色彩创新设计

从中国古代的植物染服装服饰作品中，我们不仅感受到植物染色的色彩特点及服装配色的大胆手法，而且也见证了经过岁月考验的古代植物染色彩的牢度。因此，植物染色的色牢度及色彩鲜艳度不是制约其发展的主要原因。

随着科技的发展、文化的交流与繁荣，现代服装的染色进入了工业时代的化学染料阶段。在人们满足于方便快捷的工业技术代替了手工劳作、鲜艳靓丽的色彩装扮上身时，环境的破坏和健康的威胁成为巨大的代价，人们再度眷顾起天然的植物染色技术。然而人力的高成本和传统植物染色设计理念的陈旧成为再度发展的瓶颈，具有时尚感的创新设计理念才是改变传统植物染色技术、提高服装美感、引导服装染色向时尚、环保、绿色的方向发展的必要手段。下面列举几个运用传统技艺和手法进行色彩设计的现代服装，请思考它们带来的启示。

图 5-21 服装是在针织服装上运用局部大面积扎染手段，形成大色块的色彩点缀，是一件造型简单的连身 T 恤，服装色彩艳丽奔放，装饰手法简洁明快，视觉效果突出张扬，符合当下年轻人的性格与审美追求。扎染技术是传统技艺，但是在这件服装中使用了不对称式的装饰手法，更加新颖别致。

图 5-21 Blumarine 女装作品

图 5-22 所示是 Blumarine "蓝色情人" 系列的服装设计，色彩晕染犹如画家的水彩调色盘，与服装的造型很好地结合，包、鞋的面料也一同使用相同的染色方法，自然清新。与传统意义上的扎染图案有很大的区别，时尚大气，适合整体服装造型设计的要求。

植物染的扎染技法及运用已在第四章中进行了大篇幅的描述，但是与现代风格相结合，如借鉴 Blumarine 的时尚设计风格与手法，才能使植物染色产品不仅环保、健康，而且更加时尚。

近年来流行的渐变染色给服装增添了不少变化。图 5-23 为 Issey Miyake 2012 年发布的一款秋冬男装作品，吊染的上装搭配条格裤子，很有艺术风范，色彩的把握在于色彩由浓向灰的渐变，色阶的丰富变幻使其具有时尚感，不同于单调的单一色彩渐变。

图 5-22　Blumarine "蓝色情人" 系列设计作品

图 5-23　Issey Miyake 秋冬男装设计作品

图 5-24 ① 所示的服装富有手绘感的色块染色，像童话般浪漫，好似夏日里的五彩玻璃，色彩的魅力尽显。如能将植物染色与自然印象合璧在一套服装中，就可以得到难以忘怀的效果。

　　图 5-24 ② 所示的作品中，蓝色衣边故意的晕色增加了服装染色的自然感，如此洒脱的设计完全可以在植物染色中运用。

①　　　　　　　　　　②

图 5-24　Issey Miyake 春夏女装作品

图 5-25 所示服装的美妙之处在于服装胸部的黑色晕染，给服装增添了时尚灵动，使整套灰色服装不失亮点与创意。

以上服装色彩的运用大胆创新，给人耳目一新的印象，这里仅就设计理念加以评述，意在打开植物染色的设计思路，使传统染色工艺也能适应现代服装流行趋势，符合当代人的审美需求。

综上所述，植物染色技艺的现代服装演绎可以从如下几个方面进行突破，如：色彩的多色阶渐变；扎染色彩的强对比和大色块运用；色彩点缀的不对称性和随意性运用；色彩图案在不同服装品类的跨越性设计。

任何一种工艺或技术都有其长处和短处，若要久盛不衰，就要不断地改变与创新，植物染色的设计理念应始终符合人们的思想追求，符合自然的规律方可常用常新，再创佳话。

图 5-25　Proenza Schouler 春夏作品

参考文献

[1]Hetty Wickens. Natural dyes for spinners & weavers. [M]. London: B.T.Batsford Ltd., 1983.

[2]Gwen Fereday. Natural dyes. [M]. The British Museum Press, 1985.

[3] 陈千惠 . 台湾植物染图鉴图鑑 [M]. 台北：天下遠见出版股份有限公司，2006，12.

[4] 赵丰 . 中国丝绸艺术史 [M]. 北京：文物出版社，2005，6.

[5] 아름다운 우리의 색，천연염색. 美丽的颜色——天然染色（韩文）[M]. 2004，5（ISBN 89-7182-152-3 03630）.

[6] 金成熺（韩）. 染作江南春水色 [M]. 昆明：云南人民出版社，2006，11.

[7] 吴元新，吴灵姝 . 刮浆印染之魂——中国蓝印花布 [M]. 哈尔滨：黑龙江人民出版社，2011，1.

[8] 吴元新，吴灵姝 . 蓝印花布 [M]. 北京：中国社会出版社，2007，10.

[9] SETSUKO ISHII（日）著，武湛译 . 实用妙趣染色——四季草果染出天然彩儿 [M]. 北京：中国青年出版社，2011，1.

[10] 徐雯，刘琦 . 布纳巧工—拼布艺术展 [M]. 北京：中国纺织出版社，2011.

[11] 韩晓俊，王越平 . 媒染剂在天然染料对毛织物染色中的作用 [J]. 毛纺科技，2007（2）:14-17.

[12] 赵翰生 . 中国古代纺织与印染 [M]. 北京：中国国际广播出版社，2010，7.

[13] 李雪玫 . 迟海波，扎染制作技法 [M]. 北京：北京工艺美术出版社，2000，7.

[14] 榕嘉 . 红花素的化学结构和相关性能 [J]. 丝绸，2002（30），23-27.

[15] 巩继贤，李辉芹 . 我国传统的靛蓝染色工艺 [J]. 北京纺织，2002，23（5）25-27.

[16] 罗勇 . 植物染料复配染色技术研究及其在羊毛制品上的应用 [D]. 上海：东华大学，2009，1.

[17]M. Ali Khan, M.Khan, P.K. Srivastava.Natural dyeing on wool with indigo, and yellow dyes kamala, berberine, onion peel, amla, anar and palas in combination with indigo[J]. Colourage, 2007（11），54-60.

[18] 周秋宝，余志成，陈莹 . 紫草染料对真丝织物染色性能的研究 [J]. 丝绸，2002（5）22-24.

[19] 余志成，杨斌，周秋宝 . 紫草色素的稳定性及在羊毛上的染色性能 [J]. 毛纺科技，2003（2）14-16.

[20] WANG Yueping, WANG Fuqiang, WANG Haijian. Features of Fabric color dyed using plant dyes[C].Textile Bioengineering and informatics Symposium 2013，西安，2013.

[21] Qin Lizhen, Wang Yueping. Chromatic Hue of Different Materials Dyed by Tea Pigment[C]. 2018 Textile Bioengineering and informatics Symposium, London, 2018.

[22] 李冬霞，王越平，刘佳 . 四种含酰胺键纤维织物的植物染料染色性能比较 [J]. 纺织导报，2014，（12）57-60.

[23] 李冬霞，王越平 . 羊绒与羊毛的天然染料染色性能比较 [J]. 毛纺科技，2016（1）.

[24] 李亚琼，王越平 . 天然染料的日晒色牢度评价及影响因素分析 [J]. 北京服装学院学报（自然科学版），2017，37（03）：19-24.

[25] 赵翰生，田方 . 柘木染色实验及研究 [J]. 广西民族大学学报（自然科学版），2014，20（1）：21-26.

后记

感谢广大读者的厚爱，才有了《回归自然——植物染料染色设计与工艺》（第2版）的修订出版。从第1版图书出版至今，掐指一算又是六年了，其间本人对植物染料染色的持续性研究为修订再版提供了技术保障。

六年来，社会上出现了越来越多植物染的酷爱者，植物染的研究也得到了更多人士的关注和支持；一批植物染料及其染色技术的问世，使植物染料染色技术这一具有几千年悠久历史的传统技艺，焕发出新的生命力；企业开始关注植物染并批量生产植物染产品。当然在还没有准确、方便的植物染料鉴别方法时，市场上的产品鱼龙混杂，但总的趋势是好的，更多的人开始热爱植物染，更多的企业家看到了植物染色的市场前景。

我和我的团队更是一直在植物染的土地上辛勤耕耘着。对植物染料进行更加深入的摸索，比较每一种染料的染色色相、染色牢度，分析染料色牢度好、染色鲜艳燃料的原因，以便将其原理加以利用。将传统染色技艺运用于传统纺织品的复原研究中，非常欣喜地复原出更为真实逼真的传统纺织品，让更多的人感受到传统纺织品的魅力。在植物染色的产业化开发过程中，着力解决植物染色生产的稳定性，及其上市产品的色牢度检验等市场化产品必须面临的一些问题。

业界新的实践和我们团队新的科研成果无疑将在新版中予以呈现。

全书由五章组成。在第1版的基础上，全书由王越平、王海建修订，李冬霞、王丽、李亚琼、覃丽珍、张彩飞、杨然、陈欣、唐静一、袁辰君、赵季妮、朱丽娉、孔得秋等同学参与了研究工作。全书由王越平审阅定稿。

感谢爱慕股份有限公司技术总监、华美丽服饰有限公司总经理秦晓霞女士在百忙之中为本书做序，对植物染的热爱使我们相识、相交并相互激励；感谢本书策划编辑张晓芳女士，两版植物染图书的诞生，离不开她的努力与辛勤工作；感谢服装工效及功能创新设计北京市重点实验室提供的资金支持（编号：KYTG02170202、PT2019-03）；感谢北京服装学院植物染色课题组老师同学们付出的艰辛努力；感谢我的学生们，是他们一直在植物染色研究的道路上不停地探索着，感谢他们的辛勤付出。

因时间有限、本人水平有限，缺点和错误在所难免，恳请批评指正。

北京服装学院
王越平
2019年3月20日